生物に学ぶものづくり

―― スーパーからくりの世界を活かす ――

尾田 十八 著

養 賢 堂

はじめに

　著者は，元々工学系の固体力学，材料力学を専門としていた．これらの分野は，建物，航空機，船舶，自動車や各種機械類に作用している力の条件を明らかにし，そのもとでそれらが試用期間中に安全に機能するかどうかを検討，吟味する学問である．したがって，これらの分野は現在も基本的には大変重要なものである．ただ，それを行う作業は，コンピュータの登場で大きく状況が変化してきた．特に1960年代以降に用いられてきた有限要素法(FEM)を中心としたコンピュータ構造解析手法などの汎用化，そして使いやすさの波は，上記の分野を含め，広範囲の工学分野へ与えた影響は大きい．しかも，その流れは現在も続いている．

　このような状況の具体的な例として，自動車事故解析を挙げてみよう．つまり，自動車の衝突事故時での車の破損・破壊はもちろん，搭乗者の障害などを明かにすることは，その設計上重要な問題である．これを古典的な固体力学，材料力学で直接的に解くことは，対象事象の複雑さからまったく不可能である．ところが今日，上述のFEMを用いれば，1台の自動車を搭乗者を含めて丸ごと力学解析する正確なコンピュータモデルをつくることができ，それに様々な衝撃荷重を与えて，車の変形・破損や搭乗者の障害の程度を定量的に知ることが可能となってきている．

　以上のような状況下で工学が果たす役割を考えたとき，単に自動車などの解析対象物の力学的挙動を明らかにする作業は，コンピュータに任せるべきで，工学本来の目的としての人間社会に役に立つものを創生すること，つまり「ものづくり」にその努力を注ぐべきである．この考えから，著者はもう30数年前より，固体力学，材料力学を基本としつつも，FEMなどを解析ツールとして，種々の力学的条件のもとで，構造物・機器の価格，重量，剛性などを最適にする形状，さらに材料構成などを求める研究を行ってきた．いわゆる最適設計法といわれる分野である．ところが，このようにして求められた構造・機器などが，機能や力学的条件の類似した生物のそれにきわめてよく似ているこ

(2)　　　はじめに

とに気がついた．このことは，「工学・技術が進歩すればするほど，それによって得られたものは，生物によく似てくる」と，これまでいわれていることを裏づけるものである．また西遊記に登場する孫悟空が，その超能力を自負して動き回った結果が，お釈迦様の手の平にしか居なかったこと，つまりわれわれの学問を駆使して「ものづくり」をしても，その成果は生物のそれに遠く及ばないものであることを上述のことは教えてくれているとも解釈できる．

　工学・技術における「ものづくり」を「生物」に学ぶことの著者の発想は，以上のような経験に基づいている．このようなことから，著者は1970年代後半より生物に関連した次のような研究を行ってきた．

(1) 竹のバイオメカニクス的研究(1977～1982年)：これより多機能・多目的な構造・組織等の設計知見を得る．
(2) 卵殻の構造・組織とその力学的評価の研究(1994～1998年)：これより自動車フロントガラスの安全設計法についての知見を得る．
(3) 銀杏の殻の構造・組織と，その力学的評価の研究(1995～1999年)：これより複合材料シェル構造の設計指針と，その破壊制御方法および新しい信頼性設計の考え方を知る．
(4) 生物における形態形成(細胞機能)メカニズムの理解と，その応用研究(1996～2010年)：これより遺伝的アルゴリズム，セルオートマトン，Lシステムなどを応用した新しい構造・組織創生アルゴリズムのヒントを得る．
(5) 神経情報処理システム(ニューラルネットワークなど)の理解と，その応用研究(1999～2010年)：これより知的ピッチングマシンおよび知的適応構造物などの新しい機械・構造物の設計知見を得る．
(6) キツツキの骨格構造の力学的評価の研究(2002～2010年)：これより繰返し衝撃負荷を受ける構造・機器の安全性向上方法の知見を得る．
(7) 桐・黄楊材の物理的特性評価の研究(2003～2010年)：これより生体材料の強度特性と，そのミクロな材料組織との関連性や不燃性材料のメカニズムの知見を得る．

　本書は，これらの研究から得られた「生物におけるものづくり」の各種知見をまとめ，さらにこれらから工学における「ものづくり」を「生物」から学

ぶ考え方の整理を行い，その方法論といえるものを平易に解説したものである．

具体的には，1章で「ものづくり」を「生物」から学ぶ視点を示し，2章では「生物」の基本的な特徴を「ものづくり」の視点で記述する．3章は，いわゆる工学的な「ものづくり」の定義を述べている．そして4章は「生物のものづくりの例」を「生物の特徴とそのからくりの例」として，上述の著者自信による研究としての(1),(2),(3),(6),(7)，つまり竹，卵，桐，キツツキ，銀杏に見られる力学的に興味深い構造・組織的特徴を示し，それらに考察を加えた．これらを踏まえ，5章では「生物自身のものづくりの特徴」をより一般的な概念として引き出してまとめた．さらに6章では，われわれが「生物から学ぶものづくり」の真髄について考察した後，その著者による幾つかの例〔上述の(4),(5)を中心に〕を示した．

2011年3月11日 午後2時46分頃に発生した東日本大震災によって，最先端技術を駆使してつくられたあらゆる構造物，特に福島第一原子力発電所の崩壊・機能停止は，われわれに大きな衝撃とともに，これまでの工学・技術の底の浅さを痛感させた．「ものづくり」に携わる工学・技術者は，いまこそその究極の師としての「生物」に深く学ぶ謙虚な姿勢が必要と思われる．本書がその一助となれば幸いである．

2012年3月

尾田　十八

目　　次

1. 「ものづくり」を「生物」に学ぶ視点 …………………………1
　　参考文献 ………………………………………………………………3

2. 生物の特徴 ……………………………………………………………4
　2.1 生物の特徴とは ……………………………………………………4
　2.2 構造・組織の特異性 ………………………………………………7
　2.3 生殖・発生 …………………………………………………………9
　2.4 遺伝・進化 …………………………………………………………10
　2.5 エネルギーとその変換システム …………………………………11
　2.6 社会性・活動規範 …………………………………………………14
　　参考文献 ………………………………………………………………15

3. ものづくりとは ………………………………………………………16
　3.1 工学的設計とその過程 ……………………………………………16
　3.2 バイオニック・デザイン …………………………………………22
　　参考文献 ………………………………………………………………25

4. 生物の特徴とそのからくりの例 ……………………………………26
　4.1 柔剛合わせもつ竹の秘密 …………………………………………26
　　（1）竹への工学的視点 ………………………………………………26
　　（2）日本人と竹 ………………………………………………………27
　　（3）円管構造の利点 …………………………………………………28
　　（4）強化繊維の特異な分布 …………………………………………29
　　（5）節部機能の特異性 ………………………………………………31
　　（6）竹から学ぶ設計論 ………………………………………………34
　4.2 外部に強く，内部に弱い卵の秘密 ………………………………37
　　（1）卵殻への工学的視点 ……………………………………………37
　　（2）啐啄の機 …………………………………………………………37
　　（3）卵殻－卵殻膜構造とその材料特性 ……………………………38
　　（4）卵殻の内・外強さの異方性 ……………………………………42

（5）異方性発現のメカニズム ……………………………………… 45
　　　（6）卵殻から学ぶ設計論 …………………………………………… 47
　4.3 軽量で耐火性のある桐の秘密 …………………………………… 48
　　　（1）桐材への工学的視点 …………………………………………… 48
　　　（2）日本人と桐 ……………………………………………………… 49
　　　（3）桐の生物学的特長と特性 ……………………………………… 50
　　　（4）桐の難燃性 ……………………………………………………… 52
　　　（5）桐の難燃性のメカニズム ……………………………………… 56
　　　（6）桐から学ぶ設計論 ……………………………………………… 59
　4.4 繰返し衝撃負荷に耐える啄木鳥の秘密 ………………………… 60
　　　（1）啄木鳥（キツツキ）への工学的視点 ………………………… 60
　　　（2）キツツキとドラミング ………………………………………… 61
　　　（3）キツツキの骨格構造と組織 …………………………………… 63
　　　（4）頭部の衝撃波伝ぱ挙動 ………………………………………… 65
　　　（5）脳における応力波伝ぱ挙動 …………………………………… 68
　　　（6）キツツキから学ぶ設計論 ……………………………………… 70
　4.5 スーパー長寿命な銀杏の秘密 …………………………………… 72
　　　（1）銀杏への工学的視点 …………………………………………… 72
　　　（2）銀杏という植物 ………………………………………………… 73
　　　（3）ギンナンとその周辺 …………………………………………… 75
　　　（4）ギンナンの形状と種類 ………………………………………… 77
　　　（5）ギンナンの殻の材料組織と構造特徴 ………………………… 79
　　　（6）ギンナンの力学的特性試験 …………………………………… 81
　　　（7）イチョウから学ぶ設計論 ……………………………………… 83
　　　参考文献 ……………………………………………………………… 86

5. 生物のものづくりの特徴 ……………………………………………… 88
　5.1 ものづくりにおける普遍的特徴 ………………………………… 88
　　　（1）竹から学ぶ設計論 ……………………………………………… 88
　　　（2）卵殻から学ぶ設計論 …………………………………………… 88
　　　（3）桐から学ぶ設計論 ……………………………………………… 88
　　　（4）キツツキから学ぶ設計論 ……………………………………… 89
　　　（5）銀杏から学ぶ設計論 …………………………………………… 89
　5.2 自然環境への適応能力・適応機能 ……………………………… 92

（1）適応方法 …………………………………………………… 92
　　（2）木材あて部の適応挙動 …………………………………… 93
　　（3）骨の適応機構 ……………………………………………… 98
　5.3 多目的・多機能な構造・組織 ………………………………… 100
　　（1）竹の多目的・多機能性 …………………………………… 100
　　（2）手の多目的・多機能性 …………………………………… 103
　　（3）多目的・多機能性を支えるシステム …………………… 107
　5.4 省資源・省エネルギーシステム ……………………………… 110
　　（1）菌の活動 …………………………………………………… 110
　　（2）生物における設計原理 …………………………………… 113
　5.5 構造・組織の形成方法 ………………………………………… 121
　　（1）構造・組織形成の基本 …………………………………… 121
　　（2）細胞の構造と機能 ………………………………………… 124
　　参考文献 …………………………………………………………… 133

6．生物に学ぶ設計法 …………………………………………………… 135
　6.1 生物のものづくりから何を学ぶか …………………………… 135
　6.2 遺伝的アルゴリズムとその応用例 …………………………… 140
　　（1）遺伝的アルゴリズム ……………………………………… 140
　　（2）トラス構造物の設計 ……………………………………… 143
　6.3 セルラ・オートマトンとその応用例 ………………………… 149
　　（1）セルラ・オートマトン …………………………………… 149
　　（2）複合材料の材料組織の最適化 …………………………… 151
　6.4 Lシステムとその応用例 ……………………………………… 158
　　（1）Lシステム ………………………………………………… 158
　　（2）半板の形態設計 …………………………………………… 159
　6.5 ニューラルネットワークとその応用例 ……………………… 163
　　（1）ニューラルネットワーク ………………………………… 163
　　（2）知的ピッチングマシンの開発 …………………………… 164
　　参考文献 …………………………………………………………… 168

索　引 …………………………………………………………………… 169
おわりに ………………………………………………………………… 179

1. 「ものづくり」を「生物」に学ぶ視点

　生物は，この地球上に現在約 10 億種程度存在しているといわれており，いまもなお新種が発見され続けている．このような多様な生物も，地球創成の歴史の過程では約 40 億年前に遡るただ一つの生物から分かれたものであるという．このことは，生物が棲息している地球環境の超複雑性を示すと同時に，生物がいかにその環境に時間・空間的に巧妙に，いわゆる超健かに進化してきたかを示すものであろう (**図 1.1**[1)]参照).

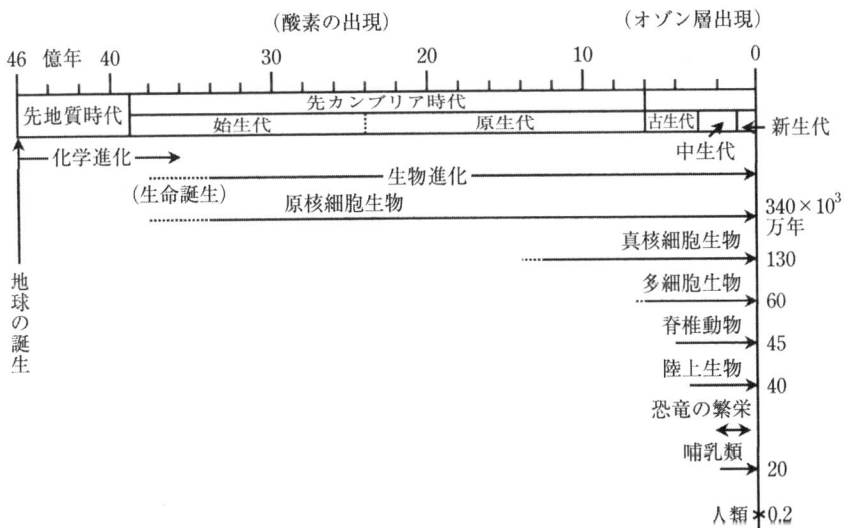

図 1.1　地球と生物進化の過程 [1)]

　ところで，約 10 億種といわれる多様な生物も，ある見方からすると，幾つかの共通性が見られる．たとえば，動物であれ，植物であれ，いかなる生物も，それらがすべて細胞で構成されている．しかもその構成要素としての細胞の分

離・増殖・死滅などの機能によって生物自身の形態・組織や，その生・死までもが制御されている．またいかなる生物も，それらが生きるためにはエネルギーが必要である．植物は太陽光を利用した光合成でそれを得ており，動物は植物を食べることでそれを得ている．ここで重要なことは，植物であれ，動物であれ，それらのエネルギーは組織内部ではまず糖(グルコースなど)として生産されることである．それが，やはり細胞内で特別な働きをする化学エネルギー，アデノシン三リン酸(ATP)に変換される，いわゆる生物の燃焼プロセスの存在によって，これらが活動エネルギーとなり，生命を維持しているのである．しかもそれらの廃棄物は，酸素，炭酸ガスはもちろん，種々の物質がすべて元の自然へ帰っていく完全リサイクルなシステムとなっている．

多様な生物にこのような共通性が見られる理由は，約40億年も遡る太古の時代には生物は元々一つしか存在しなかった(推定)のであるから，それから分かれたものはすべて何らかの類似性を有するはずであるともいえる．ただその理由の詮索より，工学，特に"ものづくり"に携わる者としては，この生物に見られる共通性の存在こそが，きわめてありがたく重要な点であろう．それは，これらの共通性は，すべて現存している生物をつくり出す方法や，それらの生きるための方法としての共通な原理の一部にほかならないと考えられるからである．われわれが創造する機械や各種システムも，種々の環境で用いられるため多種・多様である．したがって，これらをつくり出す方法(設計原理)に何らかの共通性や方法があればきわめて望ましいことは論ずるまでもない．工学的ものづくり法を生物に学ぶという大きな理由の一つは，まさにこのような生物に共通する設計原理的なものから工学に利用できるものを引き出すことにある．

きわめて多種・多様な生物にも統一性・共通性が見られ，それに注目する立場の重要性の一方で，生物の多様性そのものに注目する立場もある．このことは，飛ぶ鳥を見て理想的な飛行物体を考えたり，泳ぐ魚を見て理想的な遊泳機構などを考える従来から行われてきた多くの研究が示している．つまり，これらにより，個々の生物がその与えられた特異な環境下で，いかに巧みに生活し，子孫を繁栄させているのかの，個々の特異な能力，機構，システムなどの原理を知ることができる．それは，すなわち直接的なものづくりへの貢献方

法を探る立場といえる．

　本書は生物に学ぶものづくりに関して，以上述べた二つの立場に注目してその関連性にも考究したものである．

　今日，工学的ものづくりの技術によりつくり出される材料，エネルギーの確保はもちろん，それらが生産され，消費，撤去されるまで，多くの制約や障害を伴うものであることが強く認識されるようになってきた．したがって，生物に学ぶものづくり法を知ることは，それらの制約や障害を解決することからきわめて重要である．読者がこの書を通して，その一端を知っていただければ幸いである．

参考文献

1) 森谷常生：生物科学への招待，培風館 (2001).

2. 生物の特徴

2.1 生物の特徴とは

　20世紀の前半までの生物学は，主として多種・多様な生物の形態とその生息環境に注目し，それを根気よく分類するという，いわゆる博物学(したがって，これは時間とお金を掛ければより多くの標本と分類ができるので，殿様の生物学と揶揄されることがある)といわれるものであった．このような研究からは多くの生物に共通する科学的特性や法則性などを引き出すことは困難であった．その後，顕微鏡をはじめとする各種分析機器の発達と，多様な生物に共通する何らかの法則性を科学的に分析しようと試みる人々の努力があって，幾つかの共通性を示す知見が得られた．

　この共通性を示す知見について，マーロン・ホーグランドらは，その著書の中で，次のような生物に共通する16のパターンをわかりやすく示している[1]．

1. 生きものは，積み上げ方式でつくられる．
2. 生きものは，鎖になっている．
3. 生きものには，内側と外側がある．
4. 生きものは，少数の主題をもとに数々の変奏曲を奏でる．
5. 生きものは，情報によって組織化されている．
6. 生きものは，情報のかき混ぜで種類を増やす．
7. 生きものは，間違いによって新しいものをつくり出す．
8. 生きものは，水あっての存在である．
9. 生きものは，糖で動いている．
10. 生きものは，循環する．
11. 生きものは，利用するすべてをリサイクルする．
12. 生きものは，代謝で存続している．
13. 生きものは，最大より最適に向かう．
14. 生きものは，日和見主義である．

15. 生きものは，皆，協力的な枠組みの中で競争している．

16. 生きものは，互いに関係し合い，依存し合っている．

これらのパターンは，確かに多くの生物に見られる共通的性質を示すものに違いないが，少し話題を興味深くするためにかえって話が広がり，抽象的になっている面も感ぜられる．そこで，これらパターンが特に生物のどのような組織や機能などと関係しているかに注目し，それらを整理してみよう．

まず1の「生きものは，積み上げ方式でつくられる」は，生物の基本単位が細胞で，それが幾つか集まってある組織となり，それらがさらに集まり器官をつくり，さらに器官が集まって1個の多細胞生物となることなどをいっている．つまり，生物の構造・組織はすべて階層性を有していることである．また，2や3の点である「生きものは，鎖になっている」や「生きものには，内側と外側がある」も，生物における種々の組織などで見られる特異な構造状態をいっている．たとえば前者に関しては，図2.1に示すように，デオキシリボ核酸(DNA)が4種のヌクレオチドにより2重鎖構造となっていることは有名な例といえる[2]．後者の例では，細胞膜自身，リン脂質の2層の膜でできており，外側はその親水性の頭が並んでいる．このような例は，人間の皮膚や樹木の皮などにもいえることである．以上をまとめると，上記の1～3については，結局，生物の"構造・組織の特異性"ということができよう．

次に，4の「生きものは，少数の主題をもとに数々の変奏曲を奏でる」から7の「生きものは，間違いによって新しいものをつくり出す」までは，生物の最も無生物と相違した点，つまりそれらの生殖・発生に関連した各種事象を示したものである．しかし，4の事象が生ずる理由を5,6,7が示しているともいえる．つまり，生物にお

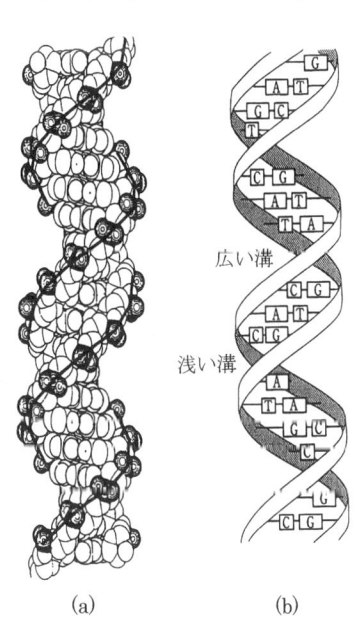

(a)　　　(b)

A：アデニン，T：チミン
G：グアニン，C：シトシン

図 2.1　DNAは二重鎖構造[2]

ける生殖・発生の事象は，まず多種・多様な生物もその個々の特性はすべてDNA という2重鎖に情報として表現される．そして次に，それらが染色体(情報鎖)として対応する染色体と交差や突然変異を行うことで，生物の多様性が維持される仕組みとなっている．このような生物における生殖・発生の秘密の解明は生物学における20世紀後半の最も大きな科学的成果で，この分野は分子生物学と呼ばれている．

さて，先の4〜7のパターンに話を戻すと，これらは，結局，生物における"生殖・発生"と"遺伝・進化"のメカニズムと要約できるであろう．

引き続き，先の共通性としてのパターンに注目しよう．8の「生きものは，水あっての存在である」から12の「生きものは，代謝で存続している」までは，ひとまとめに考えられそうである．つまり，これらはいずれも生物が生きるためのエネルギーとその生物内でのつくり方や伝達の仕方などに関係したもの，いい換えれば生物における化学反応システムとその応用といえる．われわれ人間は細胞からできているが，その70％は水である．このように，動物，植物に限らず，すべての生物は水がその主成分である．水は，あらゆる化学反応と深く関係している．植物では，それが有する水素と大気中の二酸化炭素とが太陽エネルギーを利用した光合成で糖に変換される．そしてこの糖により，あらゆる生物がこれを燃やして活動エネルギーを得ている．その燃焼プロセスは，糖が細胞内でアデノシン三リン酸(ATP)に変換されるものであるが，その際，糖の炭素と酸素が二酸化炭素になり，水素と酸素が結び付いて水ができる．このように，生物を構成する物質・エネルギーは，すべてそれらを取り巻く環境(水，大気)からつくられ，またそれらが環境へ戻されるという無駄のない循環システム，いわゆる完全リサイクルシステムを構成している．このようなことから，先の8〜12のパターンは生物における"エネルギーとその変換システム"に要約できるであろう．

次に，パターン13としての「生きものは，最大より最適に向う」から16の「生きものは，互いに関係し合い，依存し合っている」までは，生物における組織やその形成システムはもちろん，生物自身の振舞い，すなわち活動状況までもが何らかの原理や法則に支配されているとする考え方である．ここでは，それが「最適性」，「日和見主義」，「共生」という言葉で示されているが，これ

らはすべて生物における"社会性・活動規範"としてまとめられると思う．

以上，マーロン・ホーグランドの示した生物に共通する16のパターンを著者は次の五つにまとめた．

1. 構造・組織の特異性
2. 生殖・発生
3. 遺伝・進化
4. エネルギーとその変換システム
5. 社会性・活動規範

生物に見られる共通性については，ほかにもその注目する立場から種々の考え方がある[3),4)]が，ここでは以上まとめた五つの点について，その個々の共通性を，生物の事象のみでなくものづくりの観点も含めてもう少し詳細に記述したい．

2.2 構造・組織の特異性

あらゆる生物も，それを構成している最小単位物体は細胞である．それが1個であるならば単細胞生物であり，多く集まれば多細胞生物となる．つまり，その細胞数によって生物種はもちろん異なる．細胞自身の大きさや形なども多様である．たとえば，人間の神経細胞だけでも，その形態はさまざまで約100種類はどあり，それらはすべて機能も異なっている．そして，同種の細胞が多数集まってある働きをする組織をつくり，そのような働きの異なるものが幾つか集まり器官を構成し，さらに異なる器官が集まって一の系を構成している．一の生物(個体)は，このような系の幾つかの集合とみることができる．

図2.2は，人間の脳の神経細胞の一つを示しているが，このようなものが約200億個集まって脳を形成している．人間の神経系は，この脳と脊髄とが中心に構成されており，さらに筋・骨格系や血液循環

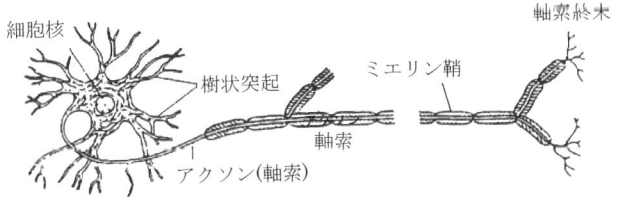

図2.2 神経細胞の構造

系など他の系も含めると，人間は約40〜50兆個の細胞からなっているといわれる．生物がこのような細胞を基本とした階層構造をしている理由は，もともと単細胞生物から出発した生物が，多様な地球環境変化に適応進化していく過程で，それぞれ必要な機能の細胞を殖やし，それらを組み合わせてきたためと考えられる．つまり，このような細胞を基本とした階層構造は，それらを取り巻く環境変化に対応したきわめて都合のよい形態形成方法であるといえる．

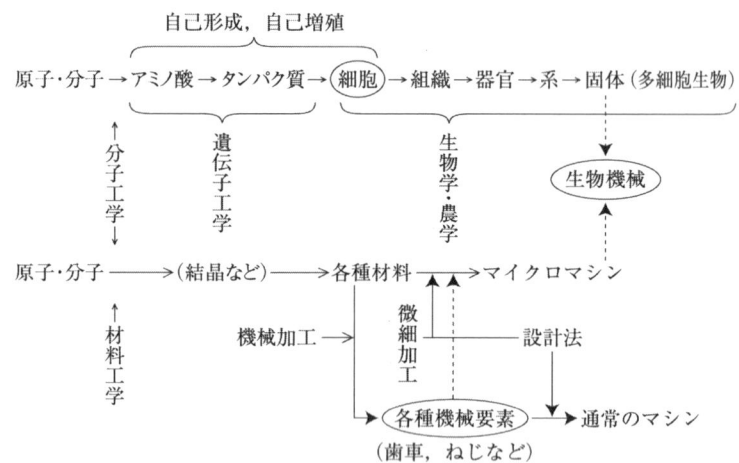

図2.3 マイクロマシンと生物の形成過程の階層性[5]

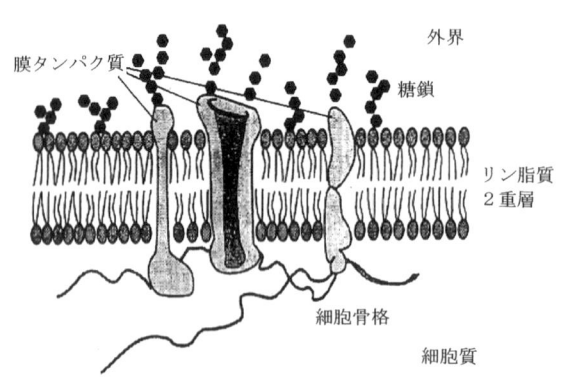

図2.4 細胞膜の構造(2次元の多層膜構で，外側は多くの糖鎖の修飾を受け，内側は細胞骨格が裏打ちしている)[2]

ところで，このような生物に見られる構造の階層性は，実は，われわれがつくる機械においても同様に見られる．いかなる機械も，基本要素としての「ねじ」や「歯車」などの部品を幾つか集めて，ある働きをする部分を構成する．それらがまた幾つか集まって一つの

大部分となり，その繰返しで機械ができるからである．**図2.3**は，このような生物と機械(特に，マイクロマシン)との階層性を比較して示したものである[5]．一見，生物と機械にこのような形態形成過程の類似性を認めることはできる．ただし，生物は細胞を基本としており，それらの分裂・増殖・死滅などの機能によって生物自身の組織・形態がその環境変化に対応して時間・空間的に自動的に可変(自己形成，自己組織化)することがきわめて特徴的である．生物に学ぶ工学的ものづくり法の基本には，このような細胞の機能・振舞いの正確な意味の把握と，その応用が不可欠と思われる．

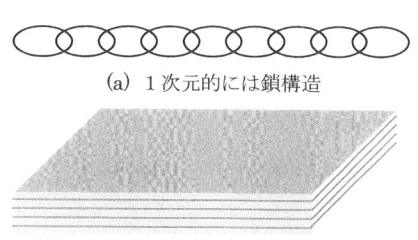

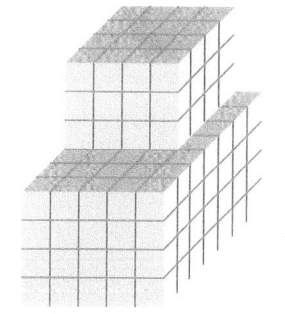

図2.5 生物の形態次元と階層性(それぞれの構成要素を1個変化させるだけで，その形や組成を変更できる)

以上，生物の細胞による階層性について話をしてきたが，生物がその組織・形態形成上で細胞よりさらにミクロな組織も含め階層性を示している事例に注目すると，まず図2.1で示したDNAの例のように4種のヌクレオチドが1次元的に並んだ鎖構造がある．また，**図2.4**に示す細胞膜の例のように，リン脂質の2重層としての2次元的多層膜構造も知られている[2]．鎖構造も多層膜構造も，基本的にはそれらの構成単位が変化すれば，容易に機能の異なる組織となることから，生物はその環境適応性を多様な形で行うために，それらの形態を構成している単位の次元やサイズを問わず，階層構造をしていることがわかる(**図2.5**参照)．

2.3 生殖・発生

おそらく，生物が無生物と異なる最も大きな特徴は子孫を残すことであろう．つまり，生殖と発生を行うことである．そしてこの生殖・発生は，基本的には

細胞同士の接着を通じて，それらの有する遺伝子の組合せを変える仕組みといえる．ところが，多くの細菌や原生生物では，一つの細胞が分裂などを繰り返して子孫を残す．これは，細胞同士の接着を伴わないことから無性生殖と呼ばれている．これに対し，雌から生じた配偶子(卵)と雄から生じた配偶子(精子)が合体すること(これが，すなわち細胞同士の接着)によって新しい個体をつくる生殖を有性生殖と呼んでいる．新しいものの創造という観点からは，当然後者の有性生殖が重要であり興味深い．

さて有性生殖では，まず1個の受精卵が生まれる．これが細胞分裂を繰り返すうちに胚となり，細胞群は外胚葉，内胚葉，中胚葉の三つに分かれ，それら各々が別々の細胞群をつくり，組織を形成していく．さらに，これらが幾つか集合して器官をつくり，その結果，生物(個体)ができる．このような過程を発生と呼んでおり，細胞がそのために特殊化することを分化と呼んでいる．また，受精卵の核の中には両親から受け継いだ1組の染色体があり，これらは，すべての遺伝子を含んでいる．しかし興味深いことに，発生のプロセスの中で，順次 各細胞群の発現遺伝子は限定されていき，その結果，分化が起こる．この遺伝子発現のメカニズムが発生と分化の仕組みであるが，詳細はまだ不明の点が多い．

以上のような生物に見られる生殖・発生のメカニズムは，残念ながら人工物には存在しない．ただし，現在，生物における細胞分裂などのメカニズムを明らかにし，それを応用して大量の農作物や医薬品などを安価につくる研究は活発に行われ，実用化もなされている．また，一つの細胞から出発して種々の形態を作る生物の巧妙な形態形成メカニズムを調べ，それを応用して工学的に最適な形態を創成する研究なども行われている[5]．

2.4 遺伝・進化

2.3節で述べた有性生殖によって生れた子は，その親に似ている．この「子はなぜ親に似るのか」という疑問は古くから多くの人々の謎であったが，近年の生命科学の進歩によってほぼ解明されてきている．つまり，子が親に似るのは，その体の形や性質(形質)を決めている設計図に相当するもの(遺伝物質)が親から子へと伝達されるからである．しかもその遺伝物質は，デオキシリボ

核酸(DNA)であり，これが生物を構成しているすべての細胞の中に存在していることもわかっている．

さて，生物の遺伝に DNA が関与していることにより，無性生殖の場合には子は明らかに親のコピーとなる．一方，有性生殖では雌雄の DNA(具体的には対応する染色体)の交配により，親と似ていても，まったく同じものとはならない．つまり，生物における発生の多様性がここで生ずることとなる．しかし多様性をさらに大きくしているのは，生殖時において，かなりの確率で染色体や，それを構成している遺伝子などに突然変異の生ずることである(**表 2.1** 参照)．このような多様性によって環境の変化に対応したより適応的形質をもつ生物が多数派となる現象が生ずる．これがいわゆる進化である．生物は，進化を通じて，今日きわめて多様なものが存在しているが，このことは，既に述べてきたように地球環境自身が時間的にも空間的にもきわめて複雑なものであることを意味しているといえる．

表 2.1 遺伝子レベルの突然変異

		DNAの構造(AはTとGはCとのみ結合している)
正常	(TGCGATAGC) ACGCTATCG	
一点変異	ACGTTATCG	
交換	ACGGTATCG	
欠失	ACGTATCG	
付加	ACGACTATCG	
逆位	ACATCGTCG	

A：アデニン　T：チミン　G：グアニン　C：シトシン

以上述べたように，生物の進化のメカニズムが DNA の交配や突然変異によって行われており，それがきわめて複雑な環境変化に適応した個体を創成していることは，工学，特にものづくり法へ大いに利用可能と考えられる．それは，各種の条件下で最適な人工物などを創生することがものづくり法の目的であるからである．よって，それを求める方法として生物進化のメカニズムをシミュレートした方法が幾つか考えられている．その一つとして，「遺伝的アルゴリズム(GA)」[6] という方法が知られており，広く実際上の問題へも利用されているが，その詳細については 6.2 節で述べることにしたい．

2.5 エネルギーとその変換システム

生物は，それらが生きていくためには常にエネルギーを必要とする(生物に

おけるエネルギー要求性).その方法として,植物は太陽光である光エネルギーを利用した光合成で有機物をつくる.一方,動物はその植物を直接的または間接的に摂取することでエネルギーを得ている.生物内部でのこのような働きは,外部からの原材料が細胞で分解され,そのとき,それに含まれていたエネルギーが利用される.このような機能を物質代謝という.そして,この代謝機能を効率よく進めるために,生物は酵素と呼ばれる特別なタンパク質を有している.

一方,エネルギー要求性については,何も生物に限らず一般の機械も同様である.つまり機械の定義としては,図 2.6 に示すような,ある種の入力(エネルギー)をある種の出力(機能=各種運動)に変換するものともいえるからである[5].このようなことから生物と機械の類似性を見ることができるが,生物におけるエネルギー取得とその廃棄のシステムはきわめて巧妙である.つまり,そのシステムは完全リサイクルであり,この点は,現在問題となっている各種機械(たとえば,自動車におけるガソリンの枯渇と排気ガス問題など)と大きく相違する点である.よって,ここで少し生物におけるその巧妙なシステムに触れてみよう.

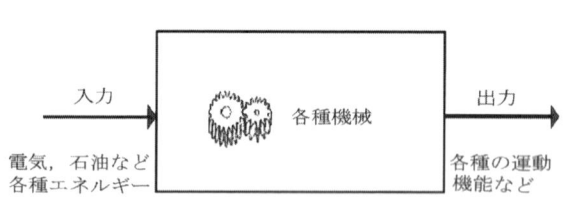

図 2.6 機械の概念の一例[5]

さて,すべての生物は地球上で生存している.この地球には,太陽光としての光エネルギーが降り注いでおり,また酸素や二酸化炭素などを成分とした大気が覆っている.生物が生きるためのエネルギーは,このような基本的には無限に存在する資源環境を巧みに利用してつくられている.まず,植物としての光合成についてみると,それは次の反応式で示される.

$$6\,CO_2 + 12\,H_2O + 光エネルギー \rightarrow C_6H_{12}O_6 + 6\,H_2O + 6\,O_2 \tag{2.1}$$

これは,太陽の光エネルギーを利用して二酸化炭素(炭酸ガス)をブドウ糖〔グリコース($C_6H_{12}O_6$)〕に変換しているものといえる.植物は,このブドウ糖をショ糖の形で篩管を通してその必要な部分へ送って(転流)おり,また一

部はデンプンに変換して必要な部分に貯蔵している．たとえば，イネの種子の胚乳やイモの塊茎はこれらの次世代の発芽・成長のためにデンプンが大量に貯蔵されたものといえる．

次に，植物の光合成システムによってつくられたブドウ糖類は，これを直接的または間接的に摂取している動物たちの生きるためのエネルギーとして利用されている．その反応式は，次のように示される．

$$C_6H_{12}O_6 + 6O_2 \rightarrow 6CO_2 + 6H_2O \tag{2.2}$$

これは，ブドウ糖が酸素と結合して，二酸化炭素と水になることを示している．この際，エネルギーはブドウ糖の分解によりつくられる(1 mol のブドウ糖の分解により 686 kcal の自由エネルギーが発生する)．ただし，生物は熱エネルギーを利用できないので，細胞がこのエネルギーを必要なときに必要な分利用できるように ATP(アデノシン三リン酸)という化合物(**図 2.7** 参照)に換えて蓄える方式を用いている[7]．ATP は，図のようにアデノシンに三つのリン酸が結合したもので，細胞はこの 2 番目と 3 番目のリン酸間の結合エネルギーを特殊な酵素を用いて取り出し利用している．つまり，あらゆる細胞は必要に応じて ATP を ADP(アデノシン二リン酸)に分解し，その際，出されるエネルギーを種々の目的に利用しているのである．たとえば，人間 1 人が 1 日に消費する ATP は 190 kg にもなるといわれており，さらに大脳はその重量が体重の 2 % 程度しかないのに，エネルギーとしては約 20 % も消費するという．

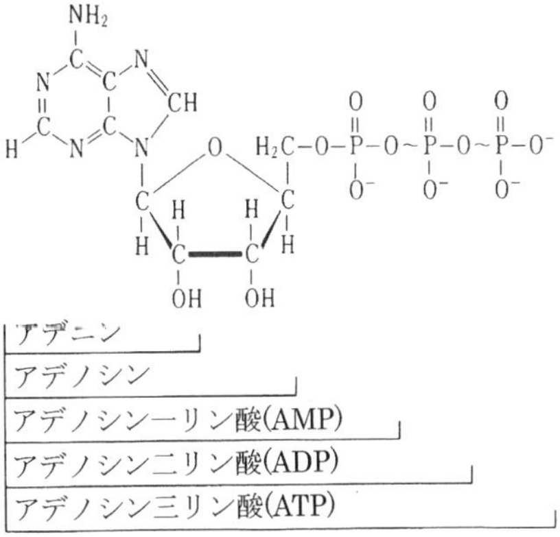

図 2.7 ATP の構造[7]

以上，植物に始まり動物までのそれら生体内での生存に不可欠なエネルギー取得方法と変換システムについて述べてきた．その結論の一つとして式(2.1)，(2.2)を通して眺めれば明らかなように，生物は自然界における二酸化炭素と水と太陽の光エネルギーを用いてそれらの必要なエネルギーを取得した後，結

局，自然界へ二酸化炭素と水を返却している．つまり，その収支バランスからいえば無限といえる太陽の光エネルギーのみが生物生存に利用されていることになり，その他の物質は完全リサイクルされていることになる．地球上の多様で厖大な数の生物が何十億年にもわたる期間生存し続けている理由の基本的な根拠は，ここにあるといえる．

今日，われわれを取り巻く技術についても，「持続可能な開発(sustainable development)」の必要性が強くいわれるようになってきているが，それらの必要なエネルギーに関して生物のエネルギー変換システムに学ぶところは大きいと思われる．

2.6 社会性・活動規範

いかなる生物も，単独でその生命を維持することはできない．前節で記述したエネルギー要求性からも，動物は植物があってその生命が維持されるものであり，また植物も動物の助け(花の昆虫による受粉など)により繁栄する．従来から知られている異種同士の生物が行動的・生理的な結び付きをもって1箇所で生活し，互いに利益を受ける状態，これを共利共生(ヤドカリとイソギンチャクやマメ科植物と根瘤菌など)と呼ぶが，この例や動物における群れや縄張り行動なども，同種のもの同士における生活・生命保持の有効な方法と考えられる．

さて，それでは生物が活動するうえで，その目標としているもの(いわゆる活動規範)は何であろうか．これについては，これまで十分な考察もされていないようであり，したがって決定的な意見も見られない．しかし，われわれが人工物をつくるとき，それ自身の設計目的を明確にする必要があり，その設計作業中においても，各部や各要素について，その機能，重量などをどのように決めればよいかは常に悩むところである．つまり，「生物から学ぶものづくり法」としては，生物の基本的な設計原理は一体何であろうかということにきわめて関心がある．これを考えるとき，生物は生命を有することが絶対条件であり，それが永遠に続くことがすべての生物にとって基本的に重要なことである．よって，生物におけるその活動規範は，次のようなものと考えられる．

"生物は，その生命の維持と種族の繁栄を目的として活動している"

この中での種族の繁栄とは，すなわちその生命の永遠なる継続を意味することになる．実際に，ある生物の1個体が生命を断っても，それが子を残すならばDNAの一部は残り，これを繰り返すことによって，ある意味ではその生物の生命が永遠的に続いているとみなすことができる．

一方，生物を構成している細胞・組織・器官・系なども，それらが生物自身の生命を維持するために，与えられた環境下で最適に形成され，かつ機能していることが過去の幾つかの研究で知られている[8]．たとえば骨については，これが最小の材料で，最大の強度的効果を発揮するようにつくられているとする最小材料最大強度説がロウによって提唱されている．

表2.2に，これまで知られている生物における主としてその形態創成における最適化則を，工学（機械）設計上のそれと比較して示す[5]．また，これらの生物について見る最適化則の具体的な事例を，後の4章で著者による研究の幾つかで紹介したい．

表 2.2 形態創成における最適化則[5]

機械	生物
最小コスト設計	最小材料最大強度説 (W. Roux)
最小重量設計	Principle of Maximal Simplicity (N. Rashevsky)
最小エネルギー設計	Principle of Optimal Design (D. L. Cohn)
最大（最小）剛性設計	Principle of Adequate Design (N. Rashevsky)
最大効率設計	

参考文献

1) M. Hoagland and B. Dodson : The Way Life Works〔中村桂子・中村友子訳 : Oh! 生きもの（生物のみごとなしくみ）〕，三田出版会（1996）．
2) 中村和行・高橋　進 : 生きもののからくり，培風館（1998）．
3) 石川　統 : 生物科学入門，裳華房（1997）．
4) 室伏きみ子 : 生命科学の知識，オーム社（1997）．
5) 尾田十八・坂本二郎・田中志信 : 生物工学とバイオニックデザイン，培風館（2002）．
6) D. E. Goldberg : Genetic Algorithms-in search, optimization & machine learning, Addison-Wesley Publishing Co. (1989).
7) 丸山工作 : 新しい生物学，培風館（1994）．
8) 梅谷陽二 : 生物工学，共立出版（1977）．

3. ものづくりとは

2章では，多種・多様な生物に見られる共通的な性質に注目し，特にものづくりの視点も加えて，それらを記述した．本章では，「ものづくり法」そのもの，つまり工学的なものづくり法とはどのような過程を経るものであるか，またその際どのようなことが重要となるのかについて説明しよう．

3.1 工学的設計とその過程

われわれは，人間社会に有用なもの(物質，材料を用いてつくられる構造物，機器など，さらにそれらを運用するソフトウェア的システムなどまでを含む)を計画し，その製作方法を，それらが用いられる自然や社会環境から経済性などを含めて考える作業を，一般に「工学的設計」と呼んでいる．一方，「ものづくり法」は，以上述べた「工学的設計」の範ちゅう以外に農作物から絵画，彫刻，小説までも含むかなり広い範囲のものを対象として用いられることも多いが，ここでは「工学的設計」と同意語と考えよう．

さて，工学的設計の対象となるものを考えてみても，それは千差万別で，あらゆるものがある．ただし，その設計の過程を見ると，それらはほぼ統一化された形として図3.1 [1] のように示すことができる．これからわかるとおり，工学的設計は，まず人間がその社会的ニーズ(needs)に対応して，何を創造すべきかという設計目的を明確化したところから始

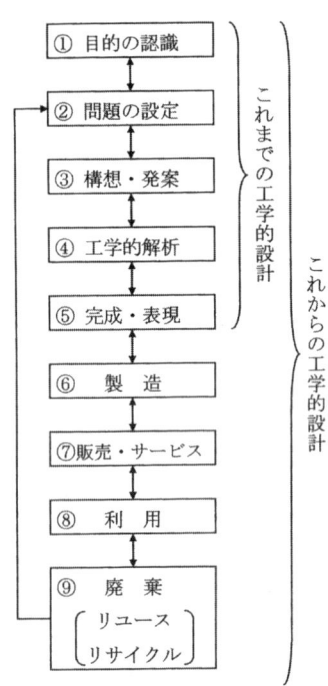

図3.1 工学的設計の流れ [1]

3.1 工学的設計とその過程　　17

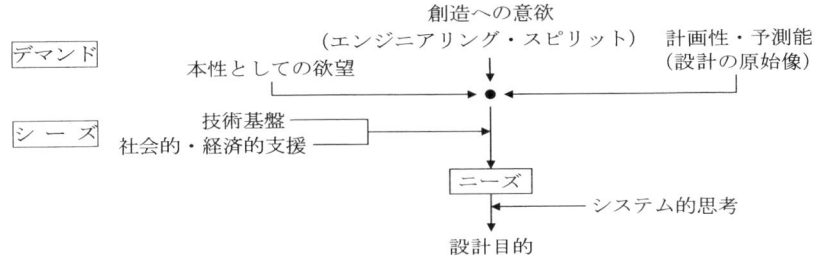

図 3.2 設計の動機と設計目的[2]

まる．これが，図 3.1 ① の「目的の認識」の過程である．そしてこのような設計目的の認識は，社会的ニーズのみならず，人間本来の創造性への欲望 (demand) およびそれを解決しうる技術的基盤，すなわち技術のシーズ (seeds) と密接に関連して具体化するものである．**図 3.2**[2] は，このような関係を示したものである．

このようにして設計目的が確定すると，次はそれを主として数理的あるいは物理的立場からより明確化する必要がある．この過程が，図 3.1 ② の「問題の設定」である．そしてこの過程は，絵画，小説を創作するようなものづくりと根本的に相違する点といえよう．たとえば物を運搬する輸送機器を設計する場合，まずその対象が人か，物質・材料か，または製品類かなどの種類を確定し，さらにその重量，大きさ，運搬距離，回数や運搬方法などを明確化しなければならない．そしてこの過程で最も重要なことは，設計しようと考えている機器に対して，従来から用いられているものに何を新しくしようとしているのかを決め，それらを具体的な式や数量の形で示すことである．この作業のためには，考えている設計課題に対して，種々の点から検討吟味する必要がある．**表 3.1**[2] は，そのような設計問題設定上の判断基準の幾つかを示したものである．

以上述べた図 3.1 ①，② の過程で，一応明確化された設計問題が与えられると，次になすべきことは，これをいかに解決するかということである．それは，一般に設計目的としている主機能を満足する機構や構造を求める作業が主であるが，機能的に満足される構造が得られても，現実的に材料，加工および費用などの点から，その実現の難しいものもある．また，特に創造性の強い設計課題では，これまで設計されている類似した機器からのヒントは得られず，したが

表 3.1 設計品に要求される品質の要素[2]

① 物性的要素
・外観特性（大きさ，長さ，重さ，厚さ）
・力学的特性（速度，牽引力，強度，脆性）
・物性（通気性，保温性，耐熱性，伸縮性）
・光学的性質（透明度，遮光性，夜光性）
・音響的性質（音色，遮音性，音響出力，S/N比）
・情報関係（冗長性，情報量，正確さ）
・化学的性質（耐食性，不燃性，耐爆性）
・電気的性質（絶縁性，電導性，誘電性）
② 機能的要素
・効率（エネルギー効率，取扱いの容易さ，自動化）
・安全性（無害性，フールプルーフ設計）
・機能の多様性（多能品，組合せによる多様化）
・携帯の難易（ポータブル，据置型）
・使用者の範囲（素人向き，専門家向き）
③ 人間的要素
・イメージ（高級品，知名度）
・希少性（特注品，輸入品，天然品）
・習慣（伝統，新製品）
・官能的品質（仕上げ，手ざわり，味，居住性）
・充実感（知的充実感，情緒的充実感）
・過剰品質への志向（サービス，他品にない仕様）
④ 時間的要素
・耐環境性（耐寒性，耐湿性，耐塵性）
・時間的効果（効果の持続性，速効性）
・耐久・保存性（耐用年数，故障率，修理容易性）
・廃棄容易性
⑤ 経済的要素
・有利性（安価，維持費の安いこと）
・懸賞，付録
⑥ 生産的要素
・作業性（工数小，手直しが少ない，特殊技能を要しない，作業標準の弾力性）
・原材料（品質の弾力性，在庫が容易，検査が容易，工程能力に適合）
・収率（収率大，手直し容易，多品種へ転換が容易）
⑦ 市場的要素
・適時性（流行，季節）
・品種の多様性（ワイドセレクション）
・信用
・購入決定の契機（各自の基準で選択，オピニオンリーダーの決定，第三者検定）
・ライフサイクル（ライフサイクルが長い，短いがうまみがある）

ってこの過程は設計作業中最も難しいものとなる．図 3.1 中の ③ の「構想・発案」の過程がこれに対応している．実は，「生物に学ぶものづくり法」の必要性の一つは，この過程にこれが貢献することにある．つまり，目的としている創

造性の強い設計問題を解決する方法のヒントを多様な生物世界の中に見出すことを期待するものである．この点については，次節でもう少し詳しく述べる．

さて，上述した工学的設計における図3.1 ①〜③の諸過程がすべて順調に終了すれば，次になすべきことは④の「工学的解析」の過程である．これは，③の過程で明らかとなった設計問題の解決方法が科学的に正しいものであるかどうか，あるいはそれを工学的に実現させるためには，どのような条件を与える必要があるのかなどを検討する過程である．つまり，自然科学の種々の法則に照らして，その解決策が妥当であるかどうかを吟味・検討する過程であり，この過程の存在することが工学的設計の特徴ともいえる．

この過程の作業をもう少し具体的にいえば，ある荷重を受けている構造物の設計問題を考える場合，種々の構造形状を提示することは比較的容易である．しかし，それが与えられた期間に強度的に安全に耐えるものとなるかどうかを吟味することは容易ではない．それを検証する学問として，これまで材料力学や構造力学が存在してきたし，また有限要素法に代表される計算力学も登場し，今日広く用いられている状況にある．これらが，構造物における設計での工学的解析手段であるといえる．ただし，あらゆる設計問題に対して必ず工学的解析手段があるとの保証はない．このような場合は，対応した実験を試みるか，あるいはコンピュータによるシミュレーションなどを試みる必要がある．

以上のようにして図3.1 ④の過程で考えられた設計案の検証が終わると，次はそれを現実に製作するための図面化と，その計算報告書をつくる⑤の過程を経ることで，一応狭義の意味における工学的設計の作業は終了することとなる．ここで狭義の意味と述べたのは，従来「工学的設計」は目的とするものをつくるための図面化と，その仕様書づくりで終了と考えられていたからである．しかし今日，目的とする製品が実際につくられ（⑥の過程），それが販売されて（⑦の過程），一般ユーザーに渡り，いろいろな環境下で使用されて（⑧の過程），その役割を終えて廃棄される（⑨の過程）までを詳細に把握することが工学的設計上きわめて重要であることが指摘されるようになった．そして，それは特に次の2点に示す社会的要請に基づくものである．

（1）設計されたものの安全性についてのより厳しい社会的要請
（2）省資源，省エネルギーなどの環境に与える影響の少ない「ものづくり」

への強い社会的要請

(1)については,われわれが設計するあらゆるものが,それらを使用したり,利用する人々にとって安全であるべきことは,本来当然のことといえる[3].しかし,これまで多くの企業は,そこで生産されるものの経済性を最優先させ,安全性については,若干軽視する傾向があった.たとえば自動車の設計では,その機能性や価格の点から,軽量であることが望ましい.しかし,衝突事故時での乗員の安全性からは,必要な重量を伴った剛性を保つことも要求されてくる.つまり,自動車としての安全性をまず第一義として考え,次に機能性や経済性も満たすようなボディの設計が今日強く要求されているのである.またこのことと関連するが,各種技術が進歩すると,いくら消費者が賢くなっても,正しい製品(まったく問題の生じない製品)を選ぶ能力は,それに追いつかなくなる.そこで,正しくない製品を売って,その買い手に何らかの損害を与えたとき,それに対して製造した者が罰せられる法律としての製造物責任法(Product Liability Law：PL法)も各国で制定されるようになってきた(日本では,1995年7月より施行)[4].このような動きは,これからの設計技術者にとってきわめて心すべきことといえるであろう.

以上のような動きは,携帯電話で見られるように,あらゆる工業製品が子供から老若男女の区別なく用いられる社会においてはますます重要になってきている.図3.3[5]に,そのようなこれからの技術開発の方向を設計する側も含め

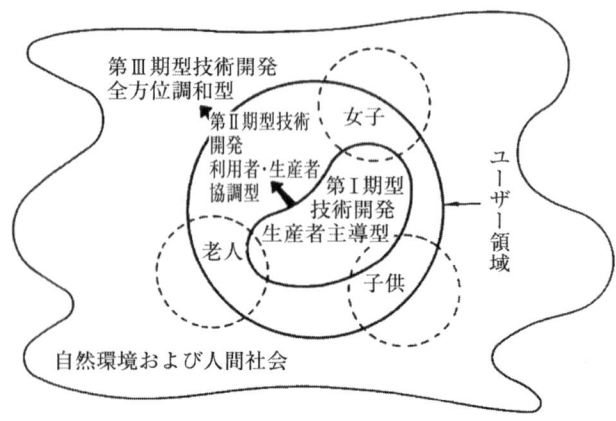

図3.3　これからの技術開発の方向[5]

て示す．ここに示すように，これからの設計技術者に必要とされる条件は，自然環境および人間社会全般に，その時間経過も含めて設計対象が問題なく機能し，その役割も終えること(これを，図中では第Ⅲ期型技術開発と呼んでいる)，そのようなものを創成する能力である．

さて次に，(2)の点について考えてみよう．われわれ人類は，図3.3の第Ⅰ期，第Ⅱ期型技術開発に見られるように，これまで人間の都合のみを考えて，きわめて多くの人工物を何の制約もないものと考えてつくってきた．またその結果として，それらの人工物の利用使命が終わると容易に廃棄もしてきた．しかし，人類が住み，生活しているこの地球における資源・エネルギーは有限であり，また自然における環境浄化作用にも限度のあることは，各種の公害問題の発生によって強く認識されてきている．しかも，このような環境破壊問題は，オゾン層の破壊問題や酸性雨，温暖化問題など，全地球的規模の問題になってきており，これは単に人間に限定されず，地球上の全生物の存亡を左右する大問題となってきている．このようなことから，人工物を設計する場合，つまり工学的設計法としていかに自然・生態系と調和するように配慮するかが重要なこととなってきている[6),7)]．そして，このような点を考慮したものづくりの立場として，今日次の3点を重視したデザインが注目されている．

  Reduce(小型化・スリム化)
  Reuse(再利用)
  Recycle(再循環・再生利用)

また，このような設計活動を法的にも推進しようとする動きが，近年各国で見られるようになってきた．表3.2は，これまでのそのような動きを特に家電製品設計に注目して示したものである．

表3.2 家電製品を取り巻く環境規制

年	規制(動向)
1967	公害対策基本法
1987	モントリオール議定書
1989	バーゼル条約
1991	リサイクル法
1992	廃棄物処理法改正
1994	特定フロン生産禁止
1996	大気汚染・水質汚濁防止法改正
1997	容器包装リサイクル法
1997	COP3 (京都)
1998	家電リサイクル法公布
1998	省エネ法改正(トップランナー)
2000	循環社会基本法制定
2001	家電リサイクル法施行
2003	EUのWEEE，RoHS令案内定
2003	新建築基準法施行
2003	省エネ法施行(トップランナー)
2004	廃棄物処理法施行
2004	アスベスト含有製品の製造・使用など原則禁止
2005	省エネ法改正(運輸部門にも規制を広げる)
2006	アスベスト新法施行
2006	大気汚染防止法改正
2008	省エネルギ法改正(CO_2削減の強化)

以上(1),(2)で述べてきたことから明らかなように,これからの工学的設計法には,人工物を創成するだけでなく,それらの働きが終了した時点でも人間・社会や自然環境に極力影響の与えない上手なそれらの後始末方法までもが強く求められているのである.この解決策には,もともと生態系に調和している生物の創成システムに学ぶことがきわめて重要であるといえる

3.2 バイオニック・デザイン

前節では工学的設計の流れ,つまり図3.1について説明した.そして,その設計作業の中で生物から学ぶべき点も指摘したが,それをここで改めて明示すると次の2点となる.

(1) 工学的設計でつくられるべきものが,生物のそれと同様,自然・生態系に調和したものとなること.そして,そのヒントが生物の世界から得られないか.

(2) 工学的設計でつくられるべきものの主機能的な基本解決策のヒントが,対応する生物の世界から得られないか.

(1)の点は,図3.1に示した設計作業の流れ全体に関連するものである.一方,(2)の点はステップ③の作業に特化した問題といえる.このような上記(1),(2)の点を含めた,いわゆる人工物創成のための設計上のヒントを生物の世界から求める方法は,これまでバイオニックデザイン(bionic design)と呼ばれている.

さて次に,先の(1)の解決策について簡単に触れてみよう.これについては,既に2章で述べた多種・多様な生物に見られる共通的特徴(それらを再録すれば,次のものである)の中から引き出されるべきものと考えられる.

1. 構造・組織の特異性
2. 生殖・発生
3. 遺伝・進化
4. エネルギーとその変換システム
5. 社会性・活動規範

しかし,これら1〜5でまとめられる現象がつくり出されている根拠や,そのメカニズムの方が工学的設計上は重要なものである.たとえば,2の「生殖・

発生」や3の「遺伝・進化」が生物特有の方法としても，それらが個々の生物が有するDNAにコード化された遺伝情報に基づいていることが重要である．つまり，長い間の人工物，特に各種機械や構造物の設計においては，それら対象物自身に情報をもたせて，それらを操作することによって時代に適合したものを設計するという考え方はなかった．

しかし今日，IC, LSIの進歩によって，各種の情報を集積化・小型化・知能化して，それ自身を対象物や，それを構成する部品などへハード的に埋め込むことも可能であるから，設計はもとより，その運用，保守，品質管理などまで，それらの情報を利用して容易に可能になると思われる．事実，後の6章で詳細を述べるが，**図3.4**[8]に示すように，考えている設計対象物の決めるべき設計変数(図中①の過程)を生物における染色体に置き換え(②の過程)，それに対応する染色体群(人口)を乱数を用いて発生(③の過程)させ，それらの中で実際の生物が行っている生殖行動としての交差(④の過程)および突然変異(⑤の過程)などの操作を繰り返すことによって，与えられた設計問題の最適な解(⑥の過程)を求める方法が考え出されている．これは，遺伝的アルゴリズムと呼ばれるもので，現在，いわゆる種々の最適化問題の解を導出する有力な方法として広く利用されている．このようなコンピュータを用いたソフト的手法が，広く機械そのものをつくり，進化させるハード的な分野への具体的方法として発展することが期待される．

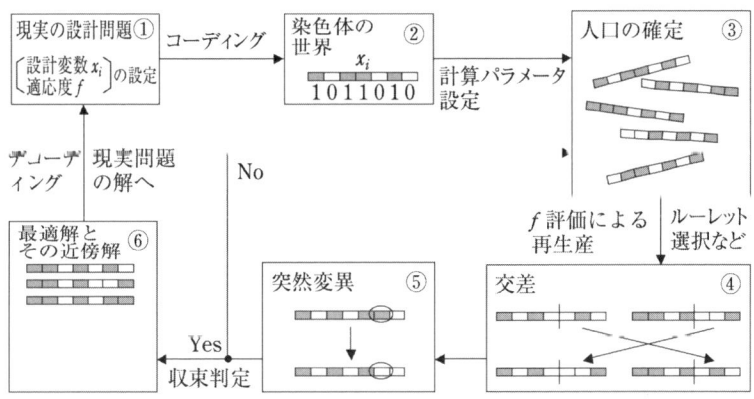

図3.4 遺伝的アルゴリズムの計算の流れ[8]

24   3. ものづくりとは

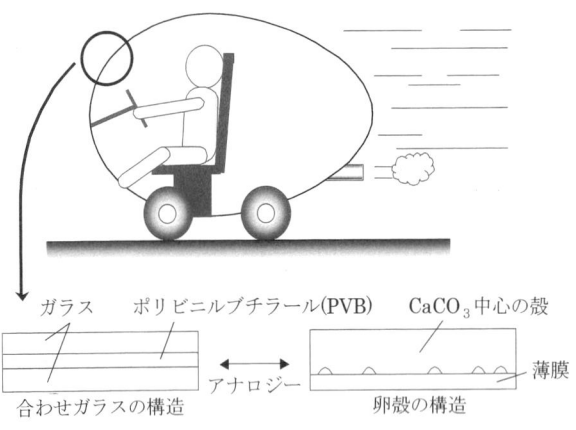

図3.5 自動車フロントガラスの合わせガラス構造と卵殻とのアナロジー

次に，(2)の方法について一例を挙げて説明しよう．**図3.5**[8]に，自動車のフロントガラス(合わせガラス)とその構造を示す．このフロントガラスには，車走行中の飛来物体に対する耐貫通性が要求されることはもちろん，自動車衝突事故時において，運転者，同乗者の頭部がフロントガラスに衝突することによる頭部打撲，顔面損傷，失明などの人身事故防止の機能も要求される．つまり，フロントガラスの特性として，車の外部負荷には強く，逆に内部負荷には割れやすく，剛性の低い弱いものであることが望まれる．この設計課題に対して，著者は生物の世界の中の卵殻の役割とその特性が自動車フロントガラスのそれらにきわめて類似していることを発想した．卵殻は，卵自身の生命維持のため，その種以外の鳥獣による攻撃に対して壊れにくく，強くなければならない．一方，雛が成長したとき，容易に殻を割って外へ出ることが必要である．つまり，卵殻もまた構造的に外部負荷には強く，逆に内部負荷には，むしろ弱いものとなっていることが考えられる．この自動車フロントガラスと卵殻の構造力学的特性間のアナロジーから，前者の設計には，まず後者の構造・組織の詳細な力学的分析が必要と考えた．これらの研究成果の詳細は，後の4.2節の「外部に強く，内部に弱い卵の秘密」で述べるが，その研究成果として，フロントガラスでは，内側ガラスの厚さを外側ガラスのそれより薄くする異厚ガラス(現状では内・外側ガラスの厚さは等しい)がその軽量化と強さの点で有効であることを示し，特許出願も行った．

以上，生物に学ぶものづくり法の視点として，先に示した(1),(2)の点につき簡単な例を挙げて説明した．(1)での遺伝的アルゴリズムについては，生物の世界での「生殖・発生」，「遺伝・進化」の仕組みとしてのDNA情報処理の

方法が既に明らかになっていること，つまり生物の世界における興味深いシーズが既にわかっていて，それを人工物の世界へ利用した一例といえる．一方，(2)で述べたフロントガラスの設計例は，まず工学的にこの設計課題(ニーズ)があって，それを解決する方法として，それと卵殻との力学的特性のアナロジーを考えたものといえる．

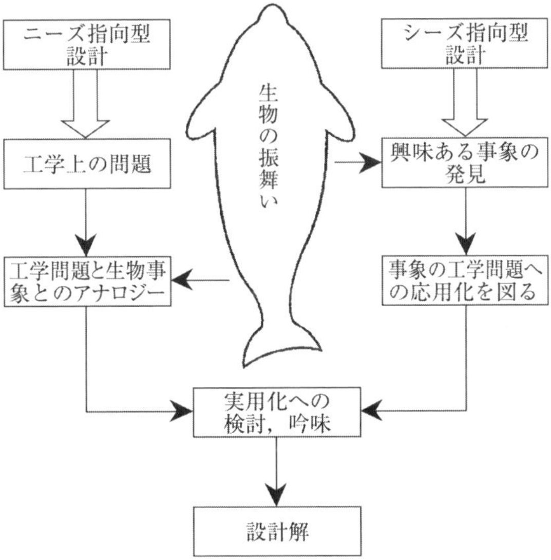

このように，生物に学ぶものづくり法(バイオニックデザイン)としては，**図 3.6**[8)]に示すようにシーズ先行型とニーズ先行型が考えられる．そして，前者については，既に2章でその一部を述べたが，実際には多く存在している生物世界における共通的知見の中で，工学的設計に何が応用可能であるかを知ることが難しい点といえる．一方，後者については，工学的設計問題を解決するヒントを，これまたきわめて多種・多様な生物世界の中から見出すことができるかが難関といえよう．

図 3.6 バイオニックデザインの流れ[8)]

参考文献

1) 尾田十八・室津義定 共編：機械設計工学1(要素と設計)，改定版，培風館 (1999).
2) 日本機械学会編・構造・材料の最適設計，技報堂出版 (1989).
3) 浅居喜代治編：現代人間工学概論，オーム社 (1980).
4) 日本機械学会講習会資料：製造物責任法と破壊事故防止対策 (1995-1999).
5) 日本機械学会 編：工学問題を解決する適応化・知能化・最適化法，技報堂出版 (1996).
6) 本多淳裕：工業生産とリサイクル(総編)，クリーン・ジャパンセンター (1995).
7) 北野 大・及川紀久雄．人間・環境・地球，第2版，共立出版 (1997).
8) 尾田十八・坂本二郎・田中志信：生物とバイオニックデザイン，培風館 (2002).

4. 生物の特徴とそのからくりの例

3章では，工学的設計の意味とその作業の流れを示し，その中で生物から学ぶべき点を明らかにした．そして，その点とは次のものであった．
(1) 工学的設計でつくられるべきものが，生物のそれと同様に自然・生態系に調和したものとなること，そしてそのヒントを生物の世界から学ぶこと．
(2) 工学的設計でつくられるべきものの主機能的な基本解決策のヒントを対応する生物の世界から学ぶこと．

(1)の点は，工学的設計全般に関わる，いわゆる人工物設計の方法論として役立つヒントを生物の世界から求める立場である．一方，(2)の点は具体的な設計問題があるとき，その問題と類似する事象などを多種・多様な生物の世界に見出し，それより解決策のヒントを求める立場である．これらを別の面から見ると，(1)の点は既に2章で示した生物界における共通的な種々の特徴，つまり潜在的シーズがあって，それらの中で工学的設計法へ応用可能なものを探す立場といえる．

一方，(2)の点は工学的設計問題，いわゆる具体的な設計ニーズがあって，それを解決するヒントを生物世界の中から探す立場である．ただし，これらはまったく別々の立場ではなく，むしろわれわれが工学的設計に関連する何らかの目的意識をもつことがまず最も重要で，そのような折に，それと関連する生物を眺め分析するとき，上述の立場(1),(2)のヒントが導き出されてくることが多いと思われる．

本章では，著者自身がこのような考え方に立って生物を眺め，分析した例の幾つかを紹介することにしたい．

4.1 柔剛合わせもつ竹の秘密

(1) 竹への工学的視点

昭和50年代，日本の産業界において FRP 材(ガラス繊維やカーボン繊維で強化された強化プラスチックのこと)が注目され出し，実用的な機器への利用もさ

れ始めた頃，その特性の優秀性(軽量で強いことなど)の一方で，実用化への製品設計上，幾つかの問題点も指摘されていた．特に，マトリックス材への強化繊維材の配合の仕方が単純な2次元配合に限定されていたり，マトリックス材と強化材の界面の結合状態が FRP 自身の強さに大きく影響することなど，それらマトリックス材と強化材との配合の仕方や，それら構成材の特性と FRP 材自身の機械的特性の評価方法などに未知の部分が多かった．そこで，天然に存在する FRP 形材料の典型的なモデルとして竹材を考え，これのミクロな材料組織と，その機械的特性との関係を明らかにすることが必要と思われ，次節以降で述べる研究を進めた[1]〜[4]．

(2) 日本人と竹

竹は，木でなく草でもない独特なものとして独立したタケ科に属している．世界全域に，35属，300種以上の種類が存在しているが，それらの過半数がわが国などを中心とした極東アジア地域に生育している[5]．このようなことから，日本人は古くから竹に親しみ，それを生活に利用してきた数少ない民族といえるであろう．「かぐや姫」の登場で知られる「竹取物語」が日本最古の物語であることからも，このことが頷ける．

表 4.1 は，わが国における竹材の生活利用法を示したものである[6]．これより，

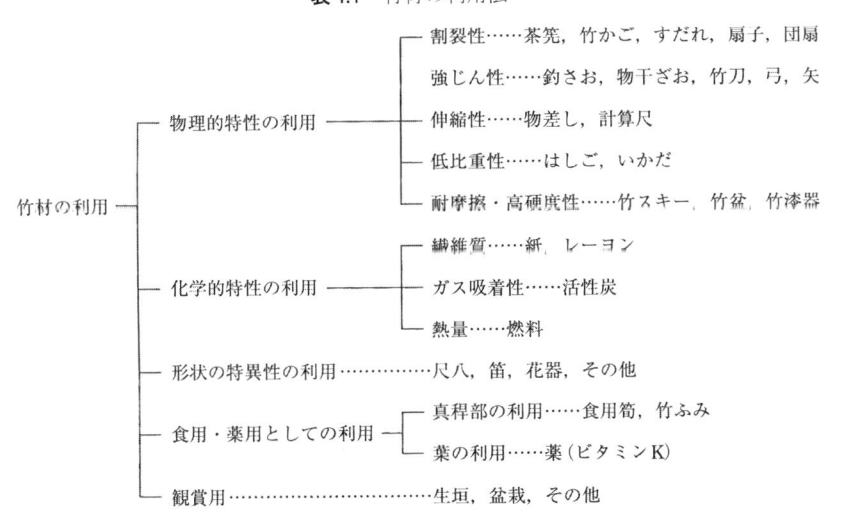

表 4.1 竹材の利用法[6]

竹材の利用		
物理的特性の利用	割裂性	茶筅，竹かご，すだれ，扇子，団扇
	強じん性	釣さお，物干ざお，竹刀，弓，矢
	伸縮性	物差し，計算尺
	低比重性	はしご，いかだ
	耐摩擦・高硬度性	竹スキー，竹盆，竹漆器
化学的特性の利用	繊維質	紙，レーヨン
	ガス吸着性	活性炭
	熱量	燃料
形状の特異性の利用	尺八，笛，花器，その他	
食用・薬用としての利用	真稈部の利用	食用筍，竹ふみ
	葉の利用	薬(ビタミンK)
観賞用	生垣，盆栽，その他	

竹材の物理的・化学的特性はもちろん，その形状の特異性の利用から観賞用まで利用範囲は広い．ここでは，先の4.1（1）項で述べた視点から，特に物理的特性に焦点を当て，それらの利用法が竹のどのような形状や組織特性に基づくものかを力学的に明らかにしてみよう．そしてその結果から，これまでの竹材の利用法に限定されない新しい工学設計への貢献方法を考えてみたい．

（3） 円管構造の利点

動物と相違し，自然の外力としての風雨や積雪などから逃げられない樹木などについては，それら外力に対応するように巧みに形状，組織がつくられている．その最もよく知られた例は，**図**4.1に示すように外力に対してそれらの形態が変化すること．つまり，強風に対して樹木が撓ることによりその力をやり過ごすことである．竹にはもちろんこのような性質があり，特にそれが顕著である．表4.1に示した竹材利用製品の中に竹刀があるが，実はこれは撓竹に由来しており，剣道における練習での強力な負荷にも竹材がよく耐える性質を上手に利用したものといえる．

樹木や竹のこのような変形のしやすさ(可撓性)は，当然のことながら自然の生育状態の方が顕著である．これには，水分の含有率が影響していることがわかっている．著者の孟宗竹を用いた曲げ試験でも，生竹(含水率30.4％)は，伐採後1年間自然乾燥した竹(含水率12.6％)より，約1.5倍も大きくたわむことが確認されている[1]．

以上，竹の可撓性について述べたが，このことからすると，竹材はきわめて柔らかいもので，その構造・組織のすべてが，そのようにつくられているように考えられがちで

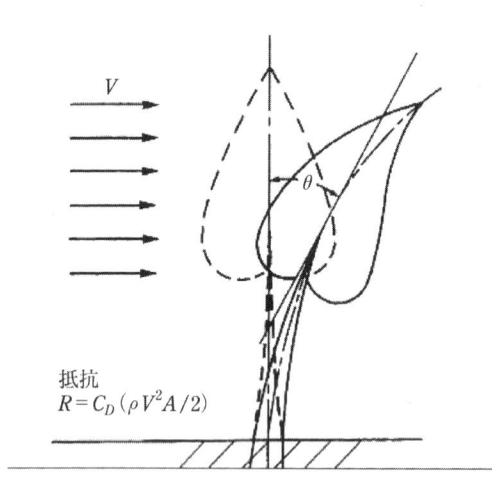

図 4.1 速度 V の流れの場にある樹木と抵抗 R (C_D：抗力係数，ρ：流れの密度，A：樹木の流れに垂直な面への投影面積．流れ場で A が $A\cos\theta$ に変化すれば，その抵抗も $\cos\theta$ 分低下する)[7]

あるが，実はもう少し詳しくその形状，材料組織を力学的に分析すると，必ずしもそうとはいえないのである．

まず竹の巨視的な形状については，**図4.2**に示すように，その茎は直線的で根元部ほど太く，ほぼ円管構造である．これは，構造力学的には自然外力を受ける場合，根元部を剛な支点とする真っすぐな「片持ちばり」とみることができる．そして円管ばりは，それと同一断面積の中実(中身の詰まった)円柱ばりより外力に対してはるかに曲がりにくい．またこの条件下で同一の外力に対しては，円管ばりに生ずる最大応力は中実ばりのそれより小さくなるので，それだけはりは壊れにくくなる．著者らが調べた孟宗竹で，その発生する最大応力は同一断面積の中実ばりに対し1/3〜

図4.2 竹の形状

1/4も小さくなることがわかっている[1]．さらに，大きな曲げモーメントの作用する根元部ほど太く，モーメントの小さな先端部へいくほど細い竹の形状は，強さがどの部分でも等しい形，つまり「平等強さの形状」に近いものであることを示している．

ところで，平等強さの形状は与えられた重量のもとで最大の剛性(たわみにくさ)を示すことも理論的に証明されている．つまり竹材は，一般の生体材料と同様に柔なものではあるが，与えられたある重量のもとで最大の強さや剛性が発揮される形状になっていることがわかる．しかも，その根拠としては円管構造で，根元部ほど太く，先端へいくほど細い形状にあることが大きく影響している．

（4）強化繊維の特異な分布

竹が与えられた重量のもとで壊れにくく，最大の剛性を示すことは，それを構成している材料組織状態からも裏づけられている．**図4.3**は，孟宗竹の真桿部断面の組織状態を示したものであるが，表皮部へ近づくに従って，その維管束が密に分布していることがわかる[8]．この維管束は，導管部とそれを保護する

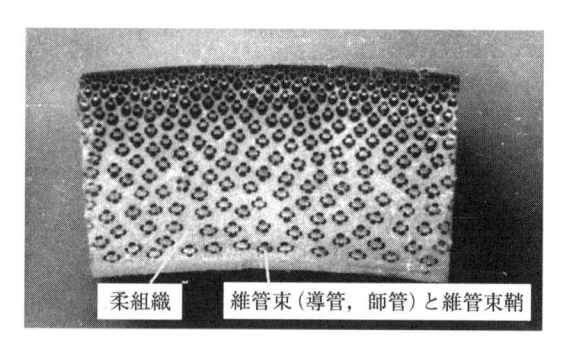

30   4. 生物の特徴とそのからくりの例

図 4.3 孟宗竹真稈部の断面組織状態[8]

維管束鞘からなっており，これが実は FRP 材における強化繊維と同様な役割を担っているものと考えられる．つまり，維管束鞘の密度が高いほど，その部分の強さも大きいわけである．

図 4.4 は，その孟宗竹における実測結果を示している．図(a)は維管束鞘の肉厚方向の分布を，また図(b)はそれに対応した位置での竹の軸方向引張強さの分布を示している．これらより，二つの分布には明らかに強い相関性があること

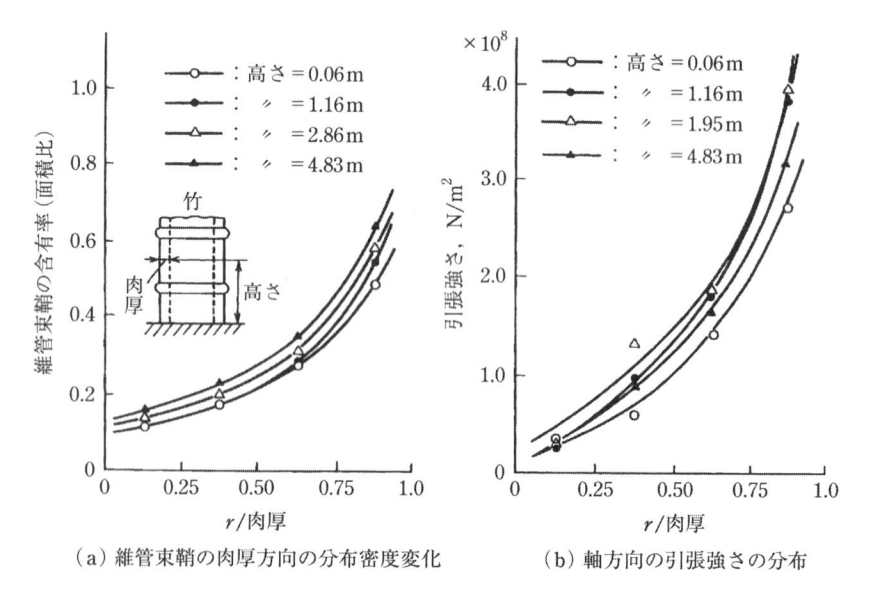

(a) 維管束鞘の肉厚方向の分布密度変化   (b) 軸方向の引張強さの分布

図 4.4 竹の維管束鞘分布と引張強さとの関係[8]

がわかる[8]．その分布が肉厚方向で表皮部に近づくほど高くなる非線形な分布になっていることに著者は興味をもち，その分布を理論的に推定する計算を行った[9]．それは，軸方向の単位長さ当たりの竹材に対し，その肉厚方向各部での維管束鞘の含有率を変数に，この部分が破壊しないとの条件のもとで重量が最小になる維管束鞘の分布を求めたものである．その詳細は後の5.4(2)項で述べるが，その結果得られた分布は，図(a)のそれによく似たものとなった．つまり，竹材はその強化繊維を特異に分布させている「傾斜機能材料」とみることができ，またこれまでも骨などについて知られてきた「最小材料最大強度説」がほぼ竹材に適用しうると考えてよいようである．

　竹が非常に軽量であるにもかかわらず，その剛性が高く，強靭な特性をもつこと，そしてそれゆえに古来から表4.1に示したように竹刀，弓，矢や釣竿などに広く利用されてきたのは，以上述べたような力学的裏づけがあるからと考えられる．

　最近では，物干し竿や旗竿に鋼管やアルミ管を用いている．著者は，かつて苦い経験をしたことがある．それはずい分昔のことで，著者の息子が生まれ，お祝いに高価な鯉のぼりを親類よりいただいた折のことであった．その日は，日中穏やかだったので，鯉や吹流しを下さずにいたところ，夜半より強風となり，直径十数cmものアルミポールが一夜にして曲がってしまった．これが孟宗竹だったら，このようなことにならなかっただろうと，いまも残念な思いがしている．

　このように，現在表4.1に示した竹製品の多くがほかの人工材料に置き換えられているが，まだ竹の真の特性を超えていないものもあるように思われる．

（5）節部機能の特異性

　「破竹の勢い」という言葉がある．これは，竹を割るとき，初めの節を割れば，あとは容易に割れることから，物事の激しく止めにくい勢いのことを意味している．事実，竹はきわめて割れやすく，この割裂性を利用した製品は表4.1に示したとおり，これまでも茶筅，団扇，すだれなどにかなり見られる．ただし，竹が割れやすいのは，先に記述した強化繊維としての維管束鞘が軸方向に真直に分布している真稈部である．しかも，その繊維長は1.4〜1.6 mmと，木材のそれらとほぼ等しいのに対し，太さはϕ 0.013〜0.014 mm程度ときわめて細い

32 　4．生物の特徴とそのからくりの例

ことが割裂性の主たる理由といわれている．

ところで，ここで特に注目してほしいことは，**図4.5**に示すように，茶筅や団扇では真稈部でつくられた多くの割れ目（き裂）が節部で止められた構造となっていることである．つまり，これらの製品では竹が割れやすいと同時に，そのつくられた割れ目が節部で止められなければならないことがわかる．竹は，このようにその真稈部では割れやすいが，節部ではそれを止める割れにくさの能力を共有した構造といえる．

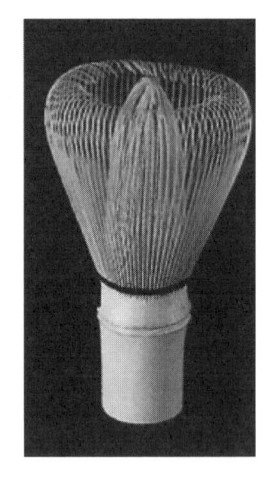

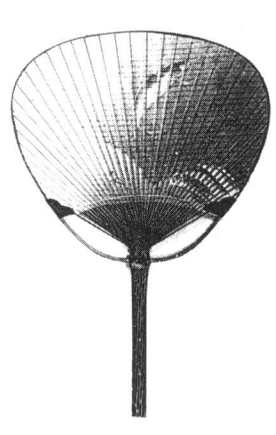

図4.5　茶筅と団扇[8]

茶筅や団扇などの伝統的工芸品は，このような竹の特異な性質を知り尽してつくられているものである．たとえば，**図4.6**は団扇をつくる工程の中の「割（わき）」の作業を示したものである[8]．あらかじめつくられたき裂群が，その端をS字形にひとひねりされることによって，節のところまで一斉にそれらがきれいに伝ぱし，そこで停止して団扇の「穂」がつくられる．この加工方法は，まさに竹が割れやすいが，その割れ目は節部で止められるという性質そのものを利用したものである．

ところで，節部が真稈部に生じた割れ目を止める能力は何に基づいているのであろうか．明らかに，節部の形状とその材料組織の特異性によるものと推定

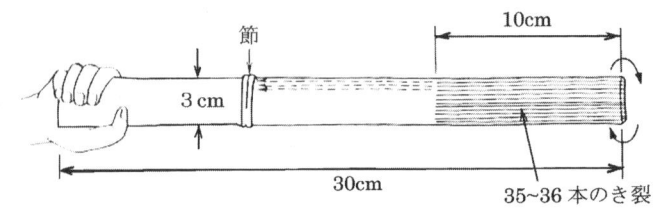

図4.6　団扇の「割」の作業[8]

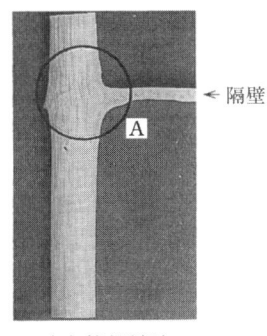

4.1 柔剛合わせもつ竹の秘密　　33

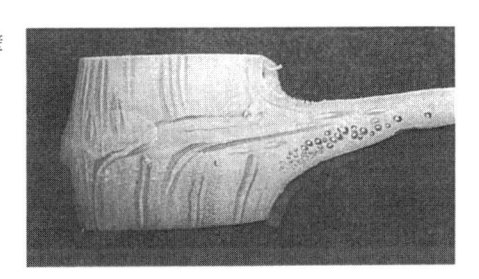

(a) 節部断面　　　　　(b) A部詳細

図 4.7　竹の節部の断面[8]

される．**図 4.7** に，その形状・組織状態を示す[8]．図(a)からわかるように，竹の節部は隔壁部を有することから，真稈部よりきわめて太い．このことから，真稈部で発生した割れ目の伝ぱエネルギーは節部で十分に吸収されることが考えられる．一方，図(b)の節部の強化繊維分布に注目すると，この問題に対してさらに興味深いことがわかる．つまり，真稈部でほぼ軸方向に一様に分布していた繊維が，節部で2次元的には不連続となり，それらのあるものは節隔壁部の方へと曲がって入り込み，また隔壁部の繊維はこれらと直交さえしている．このように，明らかに節部における繊維分布は特異である．

そこで，この部分の繊維分布状況をより正確に3次元的に示したものが **図 4.8** である[8]．これからわかるとおり，竹の節部での<u>繊維分布は何と巧妙な形態をとっているのであろうか！</u>と感嘆させられる．それは，真稈部からきたものが一度隔壁部(節間盤)に入り込み，その後曲線的な分布をしながら別の位置から次の真稈部へと出て行くかたちをとっている．これより，ある真稈部で発生した割れ目(き裂)は繊維とともに進むと予

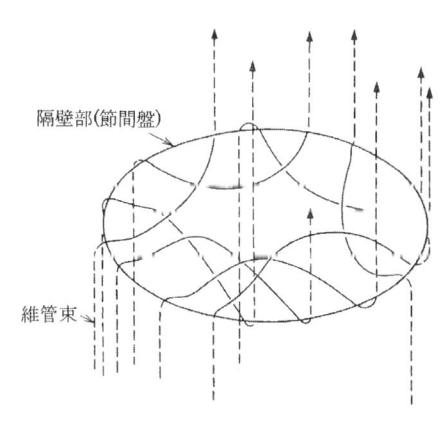

図 4.8　維管束が節間から節間盤を通る様子を模式的に示す(野村隆哉氏の文献より)[8]

測されるので，節部にくると，必ず隔壁部へ導入され，そこでの複雑な繊維分布に対応して伝ぱエネルギーを吸収されると考えられる．

以上より，節部のき裂の伝ぱ阻止能力は，その形状と繊維分布の2重の特異性によるものであることがわった．このことから，竹の節部は自然が創造した最高のクラックアレスタ (crack arrester：伝ぱするき裂を阻止するもので，この具体的な形状などを求めることは工学上，特に破壊力学上の重要な研究課題となっている[10]) といえる．

中国の竹に関する有名な著書としての戴凱之の「竹譜」に

　「剛ならず柔ならず，草でもなく，木でもなく，小異は実虚であり，大同は節目である」

という記述が見られる[5]が，これからもわかるように，竹の竹たる特異性は，実に節部が存在していることにあると思われる．

(6) 竹から学ぶ設計論

以上，竹の形状，組織の幾つかの点について，主として力学的立場からそれらの特性との関係について記述した．ここでは，少し考え方を換えて，竹を工業的な設計対象物とみなし，上記で述べた以外の点も含め，その形態と強度的な設計目的とがどのような関係で結びついているのかを考えてみたい．

表4.2は，それを整理して示したものである[8]．この表から，われわれは工学的な各種の設計，生産技術へ直接応用可能と思われる幾つかの点を見出すことができる．たとえば，曲げ荷重を受けるはりの設計における強度・剛性保持部材としてのスティフナ(stiffner)の形状や配置の方法については，竹節部の形状やその全長における位置関係は非常に参考になると思われる．特に薄肉の円管ばりにおいては，その曲げ座屈を防止することは重要である．

この点について，竹材が**図**4.9に示すように，高負荷な曲げモーメントを受ける根元部ほど節間隔が狭く，低曲げモーメントの上方部へいくほどその間隔が広くなっていることは大変参考になる(正確には各部の直径のみならず，その肉厚との関係も評価すべきで，著者の解析ではこれらすべてを考慮しても，竹材が全長にわたって座屈の点でほぼ平等強さの状態となっていることを確認している)[1]．

また FRP 部材の設計でも，竹の真稈部における肉厚方向での維管束鞘の傾斜

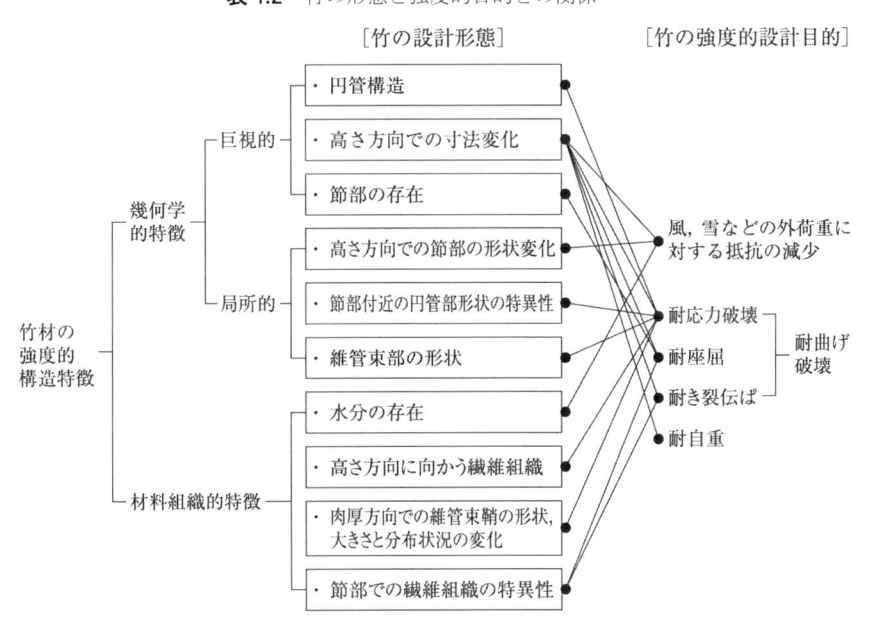

表 4.2 竹の形態と強度的目的との関係[8]

竹材の強度的構造特徴	幾何学的特徴	巨視的	・円管構造
			・高さ方向での寸法変化
			・節部の存在
		局所的	・高さ方向での節部の形状変化
			・節部付近の円管部形状の特異性
			・維管束部の形状
	材料組織的特徴		・水分の存在
			・高さ方向に向かう繊維組織
			・肉厚方向での維管束鞘の形状，大きさと分布状況の変化
			・節部での繊維組織の特異性

[竹の強度的設計目的]
風，雪などの外荷重に対する抵抗の減少
耐応力破壊
耐座屈 — 耐曲げ破壊
耐き裂伝ぱ
耐自重

分布，隔壁部におけるそれの特異な3次元的分布は非常に学ぶべき点といえる．ただし，このような竹に関する個々の特質の応用性にもまして，表4.2に示した各事象の奥に隠されている普遍的な法則性を見出すことの方がきわめて重要である．それは，「竹から学ぶ設計論」というべきものである．これについて，著者は次の点を主張したい．

<u>竹においては，そのある一部分の形状や組織が，ただ一つの目的のためだけに存在しているのではなく，種々の用途を満たしている．</u>

このことは，たとえばその節部が曲げ座屈を防ぐスティフナであり，4.1(5)項で述べたクラックアレスタの役目をもっていること，また**図4.10**に示すように枝がこの部分のみから生じている点より，その光合成を行う重要なエネルギー補給基地でもあることを示している．維管束鞘は，導管部，師管部を保護すると同時に，肉厚方向でその分布と形状を変えて強度の最適化を行っている．つまり，竹はきわめて多機能性のある形状・組織の集合体とみることができる．

以上のことは，逆の見方からすれば

36　4．生物の特徴とそのからくりの例

図4.9 孟宗竹における節の分布状態

図4.10 竹の枝は節部においてのみ生ずる

<u>竹では，ある目的を達するために幾つもの方法によってその最適化がなされている．</u>
と解釈できる．たとえば，表4.2で示した曲げ破壊を防止する立場からは，形状が円管構造で根元部ほど太く，軸方向に繊維が配列され，しかも維管束鞘が外側ほど多いように，形状と材料組織の変化を調和させており，その多重性には驚嘆に値するものを感ずる．

　今日，原子力発電所，航空機，車両はもちろんエレベータや家電製品に至るまで，強度的破壊と関連する種々の重大事故の発生が報告されており，それを防止する研究の必要性も指摘されている．この点，従来から強度設計の分野で知られているフェールセーフ機構(fail safe system)などの冗長設計法の採用は，それなりの効果は期待できる．しかし，これまでの多くの方法では通常用いられることのない機構を非常時のためだけに用意するものであり，この点で，上述した竹の構造・組織と大きく相違し，きわめて無駄な方法といえる．

　竹に限らずあらゆる生物の形態形成において，ここで述べたような摂理が支配していると著者は考えているが，生物の中でも構造・組織が単純であろうということで興味をもった竹が，実に奥が深く，すばらしいものであることを知って驚いている．

［謝辞］図4.2, 図4.9, 図4.10の写真は，山本健三氏写真集「竹」光村推古書院（平成5年）より引用させていただいたものであり，ここにその謝意を表したい．

4.2 外部に強く，内部に弱い卵の秘密

（1） 卵殻への工学的視点

昭和60年代の初め頃まで，自動車のフロントガラスは，強化ガラス(板ガラスを約700℃まで加熱した後，表面に空気を吹き付け，急激に冷すことで，その表面に圧縮の残留応力をつくり，その効果により通常のガラスの3～5倍の強度をもたせたもの)が主流であった．しかし，これが事故時に瞬間的に粉々に，しかも全体的破壊に至ることから，運転者や助手席の乗員の眼球を直撃し，失明をきたすことが多かった．その結果，樹脂膜を中間層(接着層)とする合わせガラスの利用が義務づけられた(昭和62年9月より生産される自動車のフロントガラスはすべてこれを用いることとなった)．

このような社会的背景のもと，当時著者はある企業から「合わせガラスの貫通破壊と最適化」の共同研究を数年間にわたり依頼された．自動車のフロントガラスとしての合わせガラスの機能は，いうまでもなくその良好なる視野・視界の確保にあるが，運転中外部からの飛来物侵入を阻止すると同時に，事故時には運転者の頭部・顔面衝突を緩和しなければならないことも重要である．強度的には，外部負荷には強く，内部負荷にはむしろ弱く，割れやすい方がよい．

このような特性を有する合わせガラスの開発を考えていた頃，生物界を見ると，卵の外殻構造がそれに対応するものと考えられた．卵の殻には，そこに宿る生命の維持のため，機械的な強さの観点から，雛が孵化するまでの間，外部からの外敵による負荷重に耐えるだけの強さが必要である．一方，雛が成長したときは，これとは逆に容易に殻が破られなければならない．つまり，卵殻自身，内側からの負荷重には壊れやすく，外側からのそれには強い特性を有していると推定される．この卵殻の内外強度の異方性の秘密を知ることが，自動車のフロントガラスの利用に代表される優秀な合わせガラス開発に不可欠と思い，次節以降で述べる研究を進めた．

（2） 啐啄（そったく）の機

今日，日本では鶏卵は物価の優等生といわれるほど安価で，多くの人々に毎日といってよいほど食されている．しかし前項でも述べたように，卵は多くの動物において，その生命誕生の重要な過程にあって，その内部に宿る小さな生

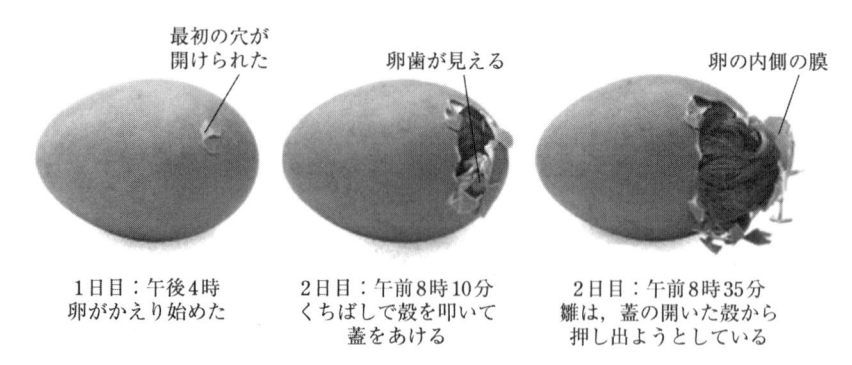

38   4．生物の特徴とそのからくりの例

最初の穴が開けられた

卵歯が見える

卵の内側の膜

1日目：午後4時
卵がかえり始めた

2日目：午前8時10分
くちばしで殻を叩いて
蓋をあける

2日目：午前8時35分
雛は，蓋の開いた殻から
押し出ようとしている

図 4.11 コブハクチョウの孵化[11]

命をこの世に出るまで安全に保護しているものといえる．

　図 4.11 は，コブハクチョウの雛がその殻を破って巣立つ状況を示したものである[11]．この例では，雛が殻から出るまでに約 17 時間を要しており，ダチョウなどのより大型の鳥では約 3 日必要とする．卵殻は，内部に宿る生命を保護すると同時に，雛が孵化するときは，それを容易なものとする構造でなければならない．雛が安全に卵殻内で生長しても，最後に殻を破ることは大変な作業で，これはこの世に出る第 1 の関門といえる．大型の鳥ではこの作業がきわめて大変で，雛が殻を割る作業中に，親鳥が外からそれに呼応して殻を突く行動が確認されている．このような状況を元にして，古くより次の言葉が知られている．

　啐啄の機：啐は鶏卵が孵化しようとするとき，子鶏が殻の中から鳴くことをいう．一方，啄は母鶏が外から殻をくちばしで突くことをいう．このことから，得がたい良い機会，逃してはならない好機，また師弟の教育上，両者の心の投合する機会をいう．

　啐啄同時：禅宗において，師家と弟子の働きが合致することをいう．

　以下では，このような諺にもなっている卵殻の秘密に迫りたい．

（3）卵殻-卵殻膜構造とその材料特性

　鳥の卵の形状は，**図 4.12** に示すように，ほとんど非対称な長楕円体形状をしている．なぜこのような形なのかについて，鳥がそれを生み落したとき，遠くへ転がらないためだと聞いたことがある．事実，そのような必要性のない海岸

の砂場のみで産卵をする亀の卵は，ほぼ球形である．ただし，生物の形状や組織は竹の節のところでも述べたように多機能・多目的につくられているので，上述のことは単なる一つの理由づけとして考えてよいと思う．

さて，以後の話を鳥の卵に限定しても，その大きさ(長さ)はスズメ科の約15〜20 mmからダチョウの約150 mm (厚さは約2 mm)までいろいろであるが，ここではわれわれが日常食している鶏卵を対象に，その卵殻の構造・材料組織に注目することにしよう．

まず，図4.13にその内部を含む鶏卵の構造・組織状態を示す[12]．このように，

図4.12 鳥の卵の形状 [11]

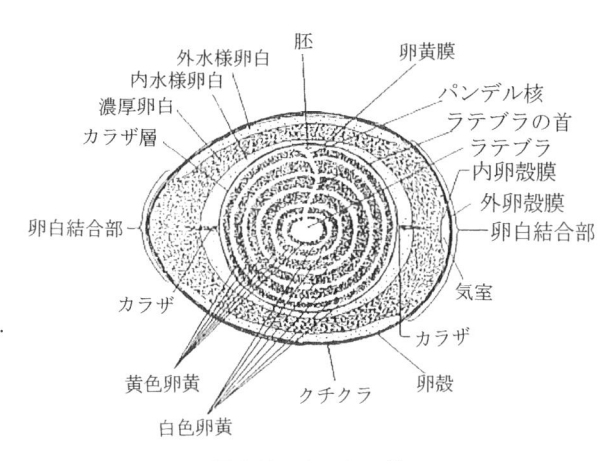

図4.13 卵の断面 [13]

大きくは外側から卵殻，卵白，卵黄の三つに分けられる．ここで卵殻部に注目すると，それはさらに図4.14に示すようにクチクラ，卵殻，卵殻膜の三つの組織からなっている．これらの部分を詳細に示したものが図4.15である[13]．最外層のクチクラは0.01〜0.05 mmの厚さの薄い膜状で，主として糖タンパク質からなっている．これは，卵殻に存在している無数の微小な気孔を塞ぐ役割をしており，卵の呼吸は許すが，微生物の侵入を防いでいる．

次に，卵殻は図4.15より大きく乳頭層と柵状層の二つに分けることができ，柵状層の大半は炭酸カルシウムの結晶であるが，有機体の基質繊維によって互いにくっつき合い強化されている[13]．この外側は比較的凸凹が少ないが，内側

40　　4．生物の特徴とそのからくりの例

は乳頭層の突起で凸凹しているので，内側からのき裂が生じやすいものと考えられる．

卵殻膜は，内卵殻膜と外卵殻膜の2層からなっている．それらは，主にケラチンの芯と糖タンパク質の覆いでできた繊維よりなっており，著者らの顕微鏡観察結果[14]の**図4.16**からもわかるとおり，外卵殻膜は内卵殻膜に比べて薄く，繊維の目も粗くできていることから，

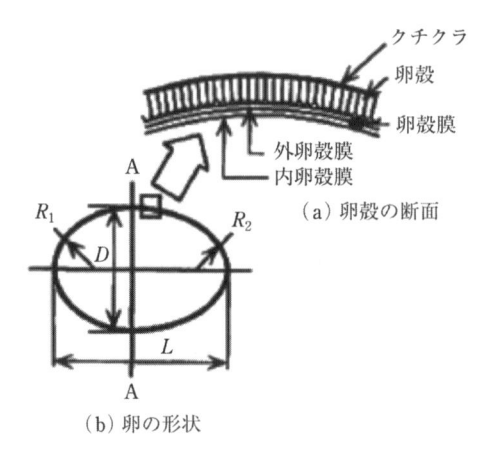

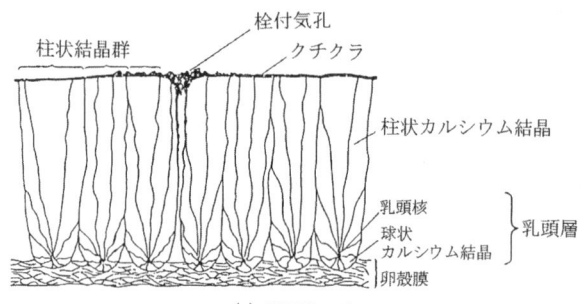

(a) 卵殻の断面

(b) 卵の形状

図4.14　鶏卵の構造

(a) 卵殻部の断面状態

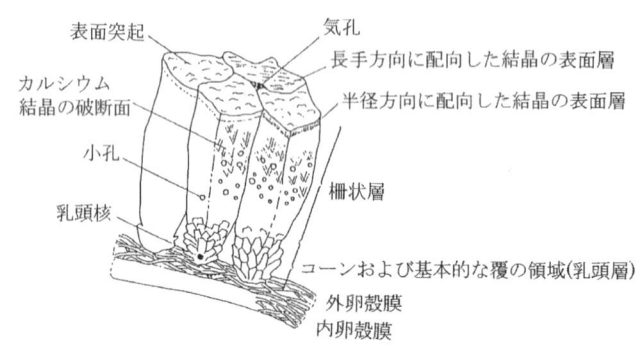

(b) 卵殻膜破断面の3次元状態

図4.15　卵殻部の構造[13]

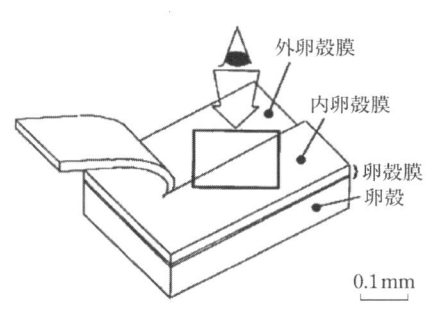

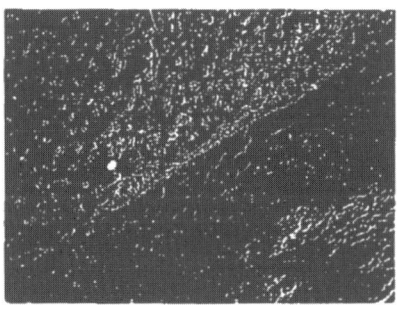

4.2 外部に強く,内部に弱い卵の秘密

図 4.16 内・外卵殻膜の表面状態[14]

内側表面が凸凹している卵殻と滑らかな表面をもつ内卵殻膜との接着面積を拡げ,接着力を増すための接着層として機能していると考えられる.

表 4.3[14]は,図 4.14 に示した記号を用いて鶏卵のおおよその寸法を示したものである.また,著者らが求めた卵殻構造の各部における材料特性を**表 4.4**[14]に,さらに**図 4.17**には卵殻,卵殻膜の応力-ひずみ線図を示す[14].この図より,卵殻はきわめて脆性傾向の強い特性を示しているのに対し,卵殻膜は逆に非常に変形

表 4.3 卵殻・卵殻膜の寸法[14]

L, mm	58.80〜61.95
D, mm	45.05〜47.25
R_1, mm	12〜15
R_2, mm	15〜17
厚さ,mm	卵殻 (0.355) / 卵殻膜 (0.077)

表 4.4 卵殻と卵殻膜の材料特性[14]

	卵殻	卵殻膜
ヤング率,MPa	7760	4.38
引張強さ,MPa	1.99	2.23
はく離強さ,N (25 mm)	0.327	
座屈負荷,MPa	3.53	

しやすい超延性的特性を示していることがわかる.ただし,それらの破断時での強さ,すなわち引張強さはほぼ等しい.

このような対照的に異なる特性の材料の組合せは,種々の利点を有していると考えられる.一つは,卵が主として外敵などによって受ける攻撃は外圧的なものである.これに対しては,硬く,しかも圧縮強さに強い脆性材料(ガラスやセラミックス,岩石などの脆性材料は,一般にその圧縮強さは引張強さの 5〜20 倍程度の大きさである[15])の方が好都合である.しかも卵殻自身,3 次元的なアーチ (arch) 形状とみなすことができる.したがって,外圧に対してはほぼ全域圧縮応力状態となるので,このことからも脆性材料は適合している.

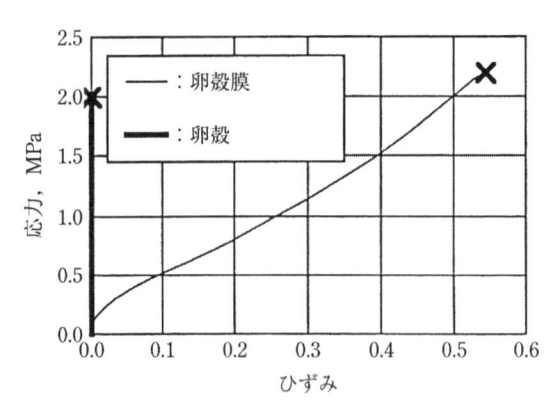

図4.17 卵殻と卵殻膜の引張応力-ひずみ関係[14]

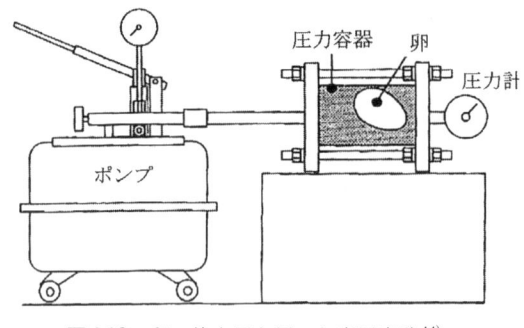

図4.18 卵の静水圧を用いた座屈実験[14]

事実，著者らは卵を一様な外圧で破壊する実験を図4.18に示すような装置を用いて試みたことがある[14]．これは，生卵に穴を開け，中身を取り出した後，この穴を塞ぎ，気孔などから水が入り込まないようにオイルでコーティングし，薄いビニール膜で密閉した後，静水圧を負荷する座屈破壊実験である．この結果は，表4.4に示したとおり35気圧もあった．このことから，中身が詰まった卵ではさらに大きな外圧に耐えるものと予測される．ただし，外敵による攻撃には牙や嘴などによる集中負荷や衝撃的負荷もあり，そのようなことで生じた微小き裂は，脆性材料ではむしろ容易に伝ぱし，簡単に全体的破壊へと進行してしまう危険もある．

このような全体的破壊を防止するのが卵殻と強く接合している超延性を示す卵殻膜であると考えられる．このことは，自動車のフロントガラスとして用いられている合わせガラスや片面のみにフィルムをコーティングした板ガラスなどにおいて，それらの破壊が容易には全体破壊とならないことからも明らかである．

（4）卵殻の内・外強さの異方性

卵殻の強さを評価するものとしては，これが内部に宿る小さな生命を外敵から守る機能に対応したものが最重要なものと考えられる．外敵としては鶏卵で

は蛇や他の獣や大型の鳥などで，それらについての牙や爪，くちばしなどが直接的に卵に打撃を加えることになる．このような負荷に対する抵抗値を評価する方法として，著者らは**図4.19**に示すような3種類の圧子が，卵殻の内，外方向からまず準静的に押されるときの貫通抵抗(貫通時の最大荷重 F_{max} と貫通破壊エネルギー U_S)を実験的に求めることにした[14]．

ここで，圧子の形状は動物の牙・くちばしなどに対応した円錐型圧子(Cタイプ)を基本とし，これと比較するために先端が球状(Sタイプ)と平面状(Pタイプ)のものも用いた．いずれも直径10 mmのステンレス鋼製で，専用のロードセルに取り付けて使用した．なお，卵殻の耐貫通性に影響を及ぼす因子としては，卵殻膜の有無や貫通方向が考えられるので，試験片としては茹で卵を図4.14(b)に示したような A-A 断面で切断し，その中身をくり抜いたままのものと酵素によって膜を除去したものの2種類を用い，これらに図4.19に示す卵殻内，外方向からの負荷実験を行った．

一方，上記と同様な圧子と試験片を用いて卵殻の動的な貫通

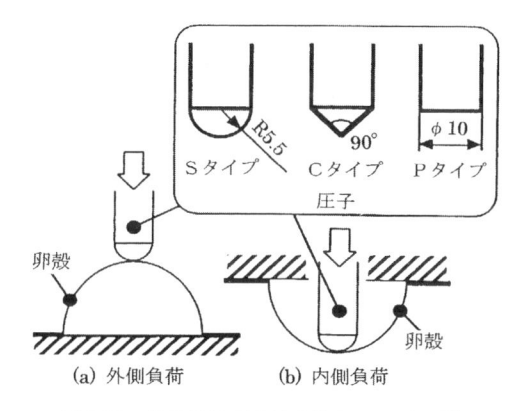

図4.19 準静的貫通破壊試験とその圧子[14]

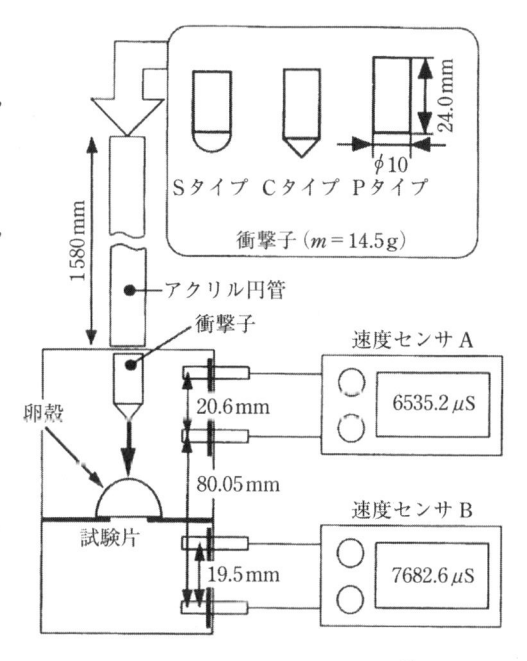

図4.20 動的貫通破壊試験装置[14]

破壊抵抗を評価する実験も行った．**図 4.20**に，その実験装置を示す[14]．これは，卵殻試験片上方より圧子(衝撃子)を落下させ，それを衝撃貫通破壊させるもので，試験片上・下の速度を専用のセンサで測定し，それらより圧子の運動エネルギーの差から動的貫通破壊エネルギー U_D を求めている．

以上で述べた実験のうち，まず準静的貫通破壊実験結果として**図 4.21**に貫通時の最大荷重 F_{max} を，また**図 4.22**に貫通破壊エネルギー U_S を示す[14]．これらの図において，記号●は5個の試験片における平均値(黒丸印)とその測定範囲(ばらつき)を示している．図 4.21 より，卵殻内側から貫通破壊させた場合，その荷重はほとんどゼロに等しいのに対し，外側からの破壊には高荷重の必要なことがわかる．特に，Cタイプで外側からの貫通破壊時の値が他の条件のものよりかなり大きい．これは，Cタイプ圧子による卵殻の破壊は，その破壊実験観察より，初め微小部分の円形破壊域がつくられ，それがある程度の領域となると，破壊荷重は殻に沿った面内力(圧縮力)のみを与えることとなり，これは破壊に直接関与しないと考えられる．このことはSタイプにもいえるが，Cタイプの方がより顕著であり，Pタイプに対しては初めから曲げ荷重が主体の破壊挙動となっていることから，F_{max} が小さいものとなったと考えられる．ただし，この F_{max} については殻の膜あり，膜なしの違いはほとんど見られない．

一方，図 4.22 の貫通破壊エネルギー U_S の結果に注目すると，いずれの圧

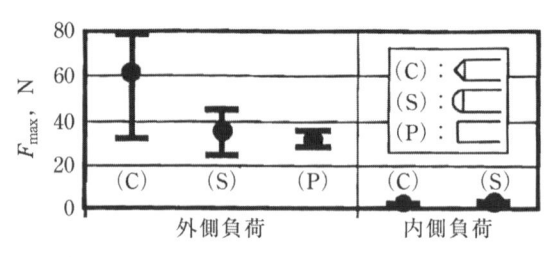

図 4.21 準静的貫通時の最大荷重 F_{max} [14]

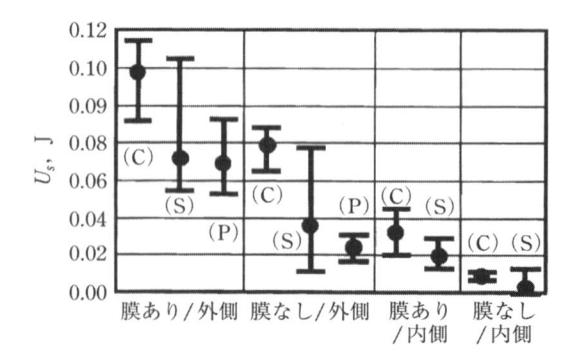

図 4.22 準静的貫通破壊エネルギー U_S [14]

子でもこの値の大きい方から膜あり/外側, 膜なし/外側, 膜あり/内側, 膜なし/内側の順となっている[14]. このことから, U_S については膜の効果の大きいことがわかる. また, すべての条件で圧子 C タイプでの値が最も大きいことは, これが動物の牙やくちばしに対応したものであることから特に興味深い.

次に, **図4.23** に動的な貫通破壊エネルギー U_D の結果を示す[14]. これより, U_D の大まかな傾向は先の U_S のそれとほぼ同様といえる. つまり, どの衝撃子でも U_D は大きい方から順に膜あり/外側, 膜なし/外側, 膜あり/内側, 膜なし/内側である. さらに衝撃子の効果も, U_D の大きい方から C タイプ, S タイプ, P タイプの順である. ただし, 膜の効果は U_D の方が U_S より顕著であることもわかる.

以上の結果を総合すると, F_{max}, U_S, U_D が大きくなる条件は, 膜付き卵殻を外側から負荷する場合で, しかも C タイプの圧子の場合が最もこれらの値が大きくなることである. 一方, 内側から負荷する場合, U_D, U_S は若干の値を示すが, F_{max} については膜の有無はもちろん, 圧子形状にもほとんど関係なく, それらの値はきわめて小さい. そこで, 次にこのような傾向が卵殻の構造・組織のどのようなメカニズムに基づくものであるかを考えてみたい.

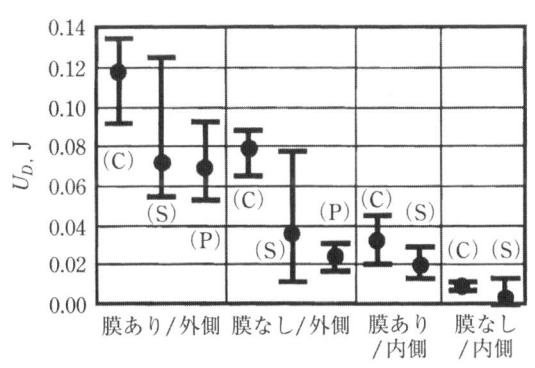

図4.23 動的貫通破壊エネルギー U_D [14]

(5) 異方性発現のメカニズム

前項で, 卵殻が外部負荷には強く, 内部負荷にはきわめて弱いものであることがわかった. しかもこのことは, 既に何度も述べたとおり, 卵本来の機能に合致したものともいえる.

その理由としてまず第一に考えられるのは, 卵殻全体が, 図4.12に見たとおり3次元のアーチ形状であることが考えられる. 構造力学で知られるとおり, アーチ形構造では, **図4.24** (卵殻を直径 D の球形と考える)に示すように外圧に対

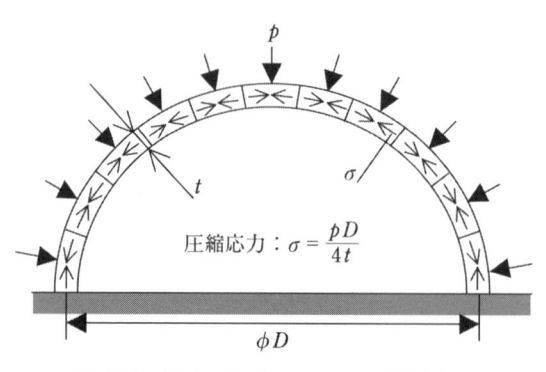

図 4.24 外圧 p を受けるアーチ形構造物

圧縮応力: $\sigma = \dfrac{pD}{4t}$

して構造内部には圧縮応力のみが生じ，内圧に対しては逆に引張応力が生ずるので，圧縮に強く，引張りに弱い脆性材料からなる卵殻は，基本的に外部負荷に強く，内部負荷に弱いものとなる．しかも卵殻の微視的組織は，図 4.15 に示したように，多数(無限に近い)の柱状カルシウム結晶で構成されている．これは，われわれがよく知るレンガ構造や石垣に似た，むしろそれらの理想形と考えられ，外部負荷に強いものである．ただし，柱状結晶の乳頭層は凸凹が激しく，互いにすき間(潜在き裂とも考えられる)があることから，この内側からの負荷に対しては，容易にき裂が発生し，外側へと伝ぱするものと考えられる．

次に，U_S, U_D に対して特に効果を示した卵殻膜に注目しよう．膜は，卵殻内で成長してくる雛に対して，それが凸凹の激しい卵殻内面に直接触れることのないように暖かく保護するものであり，また卵殻を通して気孔から入ってくる酸素を用いた生理活動の最前線の役割を有していることは当然考えられる．強度的役割としては，卵殻との接着性に関連する効果が大きいものと判断される．それは，内部からの負荷に対しては，卵殻・卵殻膜ともに引張応力を受けることは明らかである．この際，先の表 4.4 や図 4.17 よりこの両者はほぼその強さが等しいことから，内部負荷で卵殻が引張破壊するとき，卵殻膜もほぼ同時に引張破壊するであろうことが予測される．つまり，この破壊現象は互いに接着されている卵殻と卵殻膜との間ではく離があまり伴わないものである．

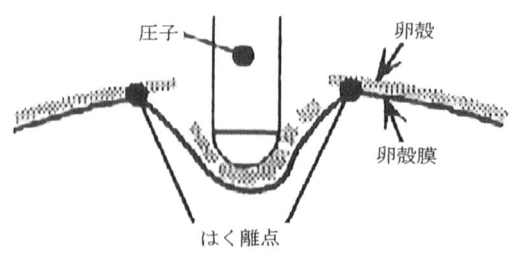

図 4.25 外部負荷による卵殻の破壊と卵殻膜の変形とはく離[14]

一方,外部負荷を受ける場合は,卵殻も卵殻膜も圧縮応力が主体であるが,これが局部的負荷となると,図4.25に示すように曲げに伴う引張応力が発生し,まず卵殻の方が幾つかに分かれて破壊し,それに対応して卵殻膜が大きく変形し,この間必然的に卵殻と卵殻膜の間のはく離が各所で生ずることが考えられる[14]. つまり,内部負荷,外部負荷による U_S, U_D に見られる差異は,後者の破壊においては,より多くの卵殻と卵殻膜間の接着はく離を伴うことによるものと考えられる.

(6) 卵殻から学ぶ設計論

前項までは,卵殻の構造・組織の詳細から,それが受ける内部負荷,外部負荷による強度の異方性の事実と,さらにそのメカニズムについても言及した. これらを通して,われわれが工業的製品設計上学ぶべき点を考えたとき,次の2点が挙げられると思う.

① 卵殻が,その内部に宿る小さな生命を一定期間守るという機能と,それが終わったとき,容易に壊れるという機能に対応して巧みに設計されていること(特に,後者のあらかじめ目的とする機能が終了したときのことまで考えた設計がなされていることは驚異である).

② 典型的な脆性材料としての卵殻と,一方,典型的な超延性材料の卵殻膜との組合せによって,それら各々の欠点を補完することはもちろん,複合化による特異な機能もつくり出していること.

まず上記の①の点に注目する. これまで,われわれはその社会的必要性に応じて種々の機器や設備を製造してきた. そして,その用途が終了した時点でそれらを廃棄処理するとき,大変な労力を必要とし,また環境問題まで起こしている. これの典型的な例として,今日役割を終えた原子力発電所の解体問題が大変な社会問題となっていることが挙げられる. あらゆる機器・設備などは必ず決められた耐用年数があり,それを終了すれば廃棄されることになるが,あらかじめそのことまでを考えた設計の必要性を卵殻は教えてくれているといえる.

次に②の点である. 鶏卵は,表4.3より約60 mmの球体が厚さ0.4 mm程度の卵殻で囲まれた容器と考えられる. その直径と厚さ比は150:1である. われわれは,セラミックでもガラスでも,そのような寸法の超軽量・超薄肉の器を知

らない．つまり，殿様の茶碗同様，実用にはとてもならない寸法の脆性材料からなる殻構造であるが，これに内部にものが入り，かつ厚さ約 0.08 mm の卵殻膜が接着されたとき，生命誕生を司る立派な装置となる．そして，外側に卵殻，内側に卵殻膜がこの順序で配置されていることで必要な強度の異方性をもち，装置としての安全性などを有することになる．

著者が，この卵殻構造と自動車のフロントガラスとのアナロジーを思いついたことは既に述べた．この卵殻研究より，それまで内・外ガラス厚さの等しい等厚合わせガラスに対し，内側が外側より厚さの薄い不等厚合わせガラスを開発した．これは，内・外ガラス厚さが等しい等厚合わせガラスに対し乗員のフロントガラスへの衝突力を緩和し，かつその衝撃吸収エネルギーも大きいものである．したがって，このガラス構造を特許申請（特許出願：異厚合わせガラスおよびそれを用いたガラス構造体：特願 2001-244435）している．

4.3 軽量で耐火性のある桐の秘密

（1）桐材への工学的視点

日本の木材の中で最も強靭な材料として知られているものは黄楊材である．一方，これと対比して軽くて弱いものに桐材がある．ところが，このような強度特性が劣るにもかかわらず，桐材は日本において**図 4.26** と**図 4.27** に示すように種々の用途に用いられている．

家具材：箪笥，屏風，衣桁
楽器：琴，筑前琵琶
家庭用品：火鉢，胴丸
箱材：什器箱，金庫内庫，菓子箱
建築材：天井板，内部装飾材
その他：下駄，ブイなど

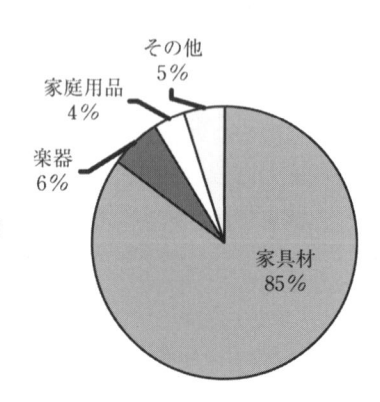

その他 5%
家庭用品 4%
楽器 6%
家具材 85%

図 4.26　桐の用途

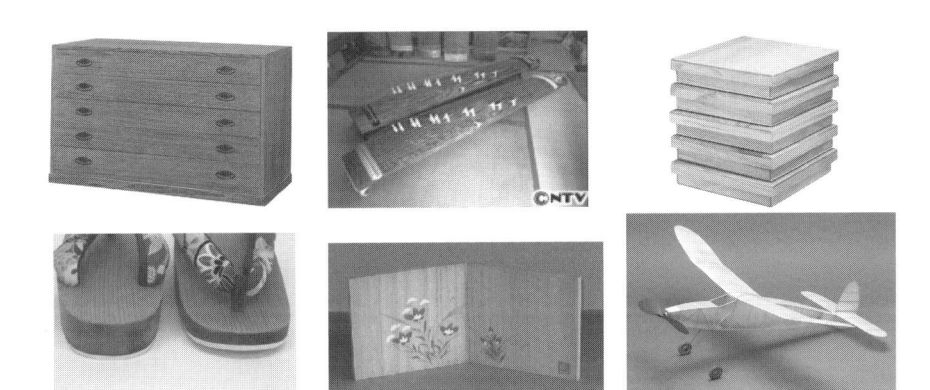

図4.27 桐製品の例

著者は，中でも箪笥や火鉢など吸湿性や耐火性を必要とするものへの利用が多いことから，これらの特性，特に耐火性が事実であるかどうか，また事実ならば，それが桐材の材料組織や構成成分などとどのような関係に基づくものであるかを明らかにしたいと考えた．つまり，軽量で耐火性が優れた人工材料の開発は，現在でもきわめて重要な工学的研究テーマであり，そのためのヒントが桐材研究から導出できないかと思い，平成10年頃から本研究を始めた．

（２）日本人と桐

中国の諺に，次のものがある．

　　　凤食鸾栖：鸾凤非竹实不食，非悟桐不栖

この意味は，聖王を表す鳳凰は「桐の木のみに棲み，竹の実だけを食べる」という伝説である．このことから，上述の四字熟語は高位，高官の上流社会の人を比喩した言葉となっている．

このような中国での古来からの影響から，日本においても桐材は平安時代の頃から尊ばれた．源氏物語に出てくる桐壺帝や桐壺更衣(きりつぼのこうい)の話，また枕草子には「桐の花」について「桐の木の花，紫に咲きたるはなほをかしきに」の記述がある．また，皇室の紋章として菊と桐(**図4.28**参照)が

図4.28 桐の紋章

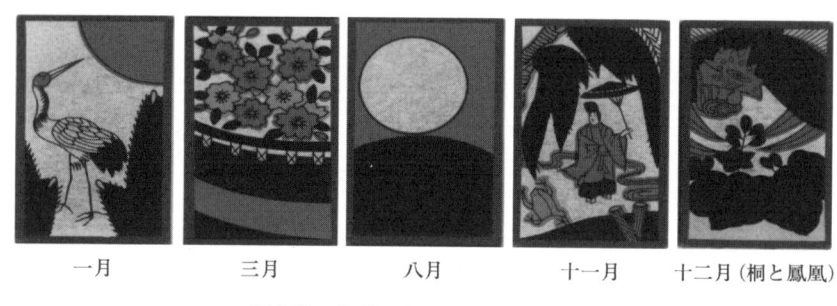

図 4.29　花ガルタにおける二十点札

一月　　三月　　八月　　十一月　　十二月 (桐と鳳凰)

用いられ，1974 年までは日本国のパスポートにもこの紋章が使われていた．日本人がこのように桐材を尊ぶ風潮は，**図 4.29** に示す庶民にも愛好されて来た花ガルタ (花札) の図柄にも見ることができる．つまり，花ガルタにおける二十点札の 5 枚の中に桐と鳳凰が入っている．このカルタは安土桃山時代にその起源があるとされているが，自然の美，特に「花鳥風月」を中心に各札がつくられている中で，桐がこのように高く評価されている証拠と考えられる．

以上のように，日本人と桐との関係は深く，図 4.26 と図 4.27 に示したように，その日常品としての利用の範囲も広い．したがって，桐工芸品から桐を用いた家具などの製造・加工法の技術はかなり確立されている．しかし，これを前節で述べた視点に立って調べた研究はこれまでほとんど見られないので，著者らが研究を行った．

（3） 桐の生物学的特長と特性[16]

桐は落葉小高木で，生長がきわめて早く，通常は高さ 10 m，直径 50 cm 程度になる．その構造組織は，**図 4.30** に示すように導管，木繊維，柔組織と放射組織からなる．導管の径は，比較的大きく 150〜350 μm である．また，特に年輪界のところに大きな導管が多く集り，他の部分には小さめの導管がほぼ均一に分布している．構造は散孔材的な傾向をもち，環孔材で．髄心が特に大きい．年輪は比較的明瞭で，材面の肌面はやや粗い．また，軸方向導管の周りに翼状または連合翼状柔組織がよく発達している．柔組織は，木繊維と比較すると細胞壁が薄い．このことが桐材が軽いこと (低密度) の一つの要因となっている．

図 4.31 に，桐材と比較のため黄楊材，杉材の横断面 SEM 写真を示す．これよりわかるように，桐材の細胞はハニカム構造に近く，その径は 25〜45 μm で，壁

厚は非常に薄く約 1 μm である．一方，黄楊材の導管は均一に分布し，径は小さく 20～40 μm であるが，細胞は図(c)に見るように厚肉円筒に近い．その径は 10～15 μm，壁厚は 4～6 μm である．

以上の組織状態から予測されるように，桐材の空隙率は約 82 ％，黄楊材と杉材のそれらは約 39 ％，72 ％で，またこれらの密度 (g/cm^3) は桐材，黄楊材，杉材でそれぞれ 0.27, 0.91, 0.43 程度のものである．さらに，表 4.5 に木材の密度との関連性が強いといわれている機械的特性としての引張強さ，圧縮強さおよびヤング率の値を，特にこれら特性が両極にあると思われる桐材と黄

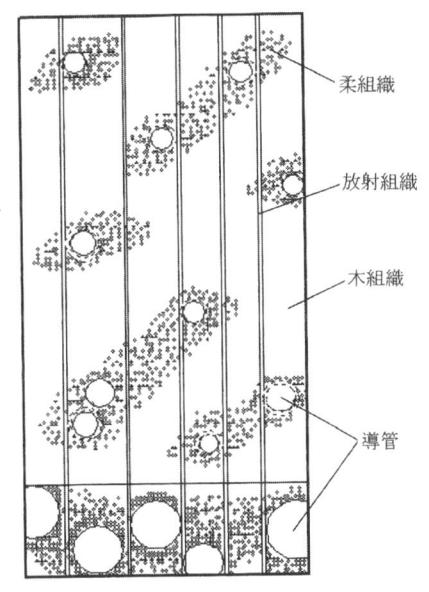

図 4.30 桐材の組織状態

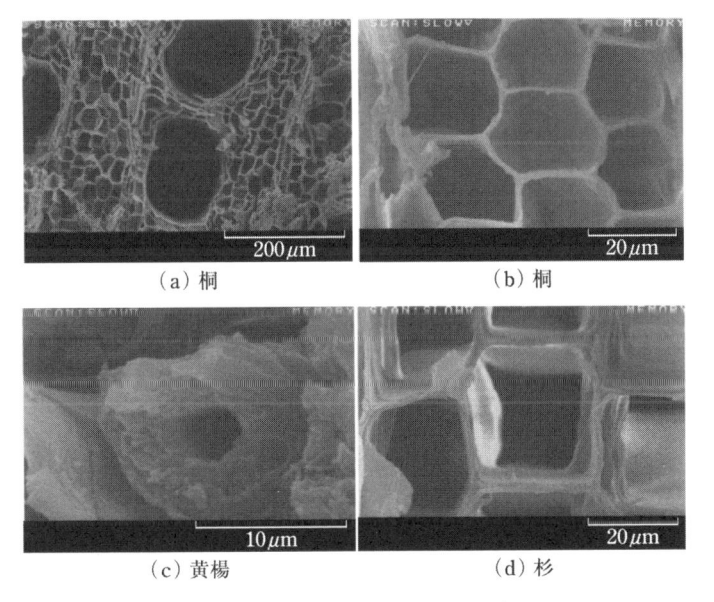

図 4.31 桐，黄楊，杉の SEM 写真

表4.5 桐と黄楊の機械的特性

特性			材料 桐	黄楊 日本産	タイ産
引張り	強さ，kgf/cm^2	縦方向	210	875	1056
		横方向	33	112	182
	ヤング率，kgf/cm^2	縦方向	7400	38400	28100
		横方向	1200	1700	2600
圧縮	強さ，kgf/cm^2	縦方向	191	590	495
		横方向	19	189	229
	ヤング率，kgf/cm^2	縦方向	20000	35000	32000
		横方向	1400	12000	13000

表4.6 桐と杉の化学成分[18]

	セルロース	ヘミセルロース	リグニン
桐材	45%	25%	29%
杉材	49%	16%	34%

表4.7 桐と杉の元素組成[18]

	炭素	水素	酸素
桐材	44%	6%	50%
杉材	48%	6%	46%

楊材について比較して示す[17]．これより，桐材が黄楊材に比較してこれら特性がきわめて悪く，それの強度を目的とした構造用材料に不向きであることがわかる．

次に，後に述べる難燃性・耐火性に関連するものとして桐材の化学組成分析と元素組成分析の結果を杉材のそれらと比較して**表4.6**と**表4.7**に示す[18]．まず，表4.6より桐材ではリグニンの成分が杉材のそれより5％少ないこと，一方表4.7からは木材の主成分は炭素(C)，水素(H)，酸素(O)であるが，これらの両材料での成分相違が，表4.6の相違ほど明確なものでないことがわかる．

（4）桐の難燃性

本題に入る前に，荻野アンナが古い城下町である越後村上を訪ねた折のエッセーの一部を紹介しよう[19]．

> 信号と共に村上の町に入り，割烹『新多久』へ．前回訪れた時とは建物が変わっていた．女将は変わらぬ笑顔で迎えてくれた．渋みと艶で私を圧倒した昭和初期の館は，一夜で全焼していた．『桐のタンスは焼けないですよ』

中身の着物で女将は当座をしのげた.『何か必要なもの,ある?』火事見舞の電話に,女将は『下着』と即答だった.下着は,たしかに桐ダンスには入れない」

この記述にも見られるとおり,桐の箪笥は燃えにくいといわれている.**図 4.32**は,火災を受けた桐箪笥の状態を示したものである.このように,箪笥の外部は黒焦げであるが,その内部はほとんど被害を受けていないように見える.著者は,桐材がこのような耐火性・難燃性を本当に有しているのかどうかを実験で確かめてみたいと思い,次のような研究を行った[18].

まず,桐材の加熱実験の前に,基本的な熱特性としての熱伝導率を求めてみた.**図 4.33**に,その測定装置を示す.方法はJIS A 1412に規定されている平板比較法であるが,加熱面のアルミ板と冷却面のアルミ板の温度を保持し,その間に標準試料(R)と供試材料(S)を挟むようにセットする.熱流が一定となった時点でのS,

図 4.32 桐箪笥の火災の例(火災で表面が焼け焦げた桐箪笥.写真のように引出しの中は焼失をまぬがれている.平成15年 小松市長谷町内野氏)(町八家具パンフレットより)

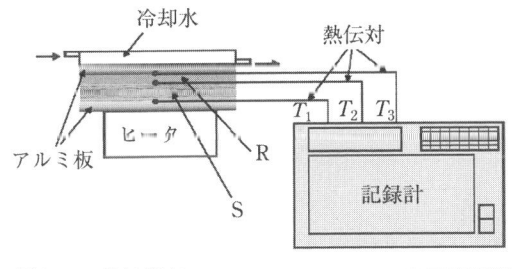

R:標準板,厚さ l_R,熱伝導率 λ_R
S:試料板,厚さ l_S,熱伝導率 λ_S
定常状態:温度,時間一定

$$\lambda_S = \lambda_R \frac{l_S}{l_R} \frac{T_2 - T_3}{T_1 - T_2}$$

図 4.33 熱伝導率の測定方法

4．生物の特徴とそのからくりの例

R の定常な表面温度 (T_1, T_2, T_3) を求め，図中の式より熱伝導率 λ_s を得る．

実験には，標準板として熱伝導率 0.2 W/(m・K)，厚さ 10 mm のアクリル板を，また供試材料としては厚さ 24 mm の桐と特性比較のため一般の構造材などによく用いられる杉の板を用いた．これらの試料の密度，含水率，熱伝導率の値を**表 4.8** に示す．これより，桐材，杉材の熱伝導率はほぼ等しいが，一般の木材の中ではこれらは低い方に属しているといえる．

次に，桐材，杉材の加熱実験を行った．試料は $85 \times 85 \times 12$ mm の桐，杉の板

表4.8　桐，杉材の熱伝導率

標準板：アクリル板，厚さ 10 mm，熱伝導率　0.176 kcal/(m・h・℃)
試料板：桐板と杉板，厚さ 24 mm

	密度，g/cm³	含水率，%	熱伝導率，kcal/(m・h・℃)
桐材	0.27	7.96	0.089
杉材	0.43	9.2	0.088

一般木材の熱伝導率　0.06～0.2 kcal/(m・h・℃)

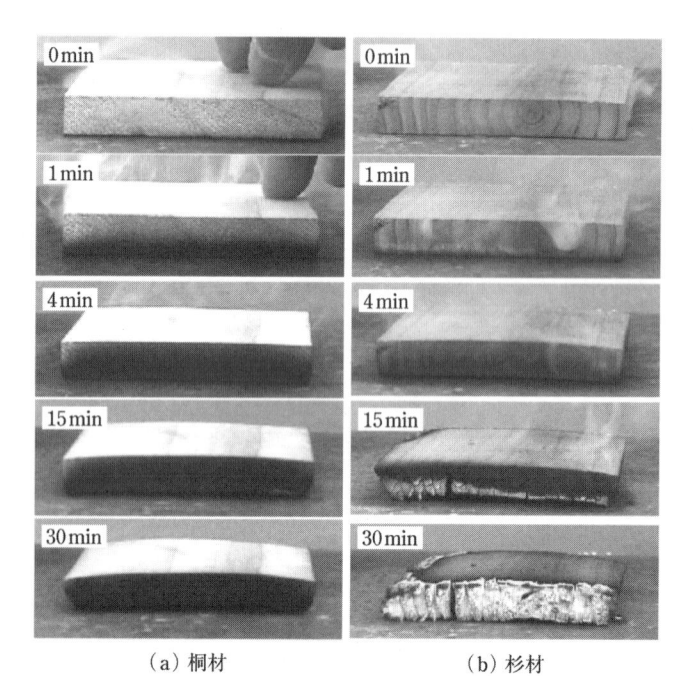

(a) 桐材　　　　　　　(b) 杉材

図 4.34　板加熱実験

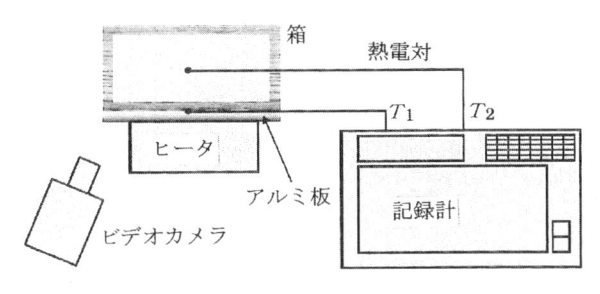

4.3 軽量で耐火性のある桐の秘密

図 4.35 箱加熱実験装置(内容積：200×200×100 mm, 厚さ：桐箱 12 mm と 24 mm, 杉箱 12 mm)

を 24 時間炉中で乾燥し、含水率をほぼゼロに近づけたものを用いた。それらを**図 4.34** のように 450℃ に熱したアルミ板上に載せ、それらの時間変化を観察した。この図からもわかるように、桐板は 1 分経過した時点で約 5 mm の炭化層ができたが、杉板は 1 mm 程度しかできなかった。その後、杉板の炭化層は進行しながら、30 分後大部分が灰になった。一方、桐板の炭化層はゆっくりと増大するが、なかなか灰にならないことがわかる。すなわち、桐材は炭化しやすいが、炭化層が燃えて灰になるのが遅いということが明らかとなった。このことを、さらに桐箪笥

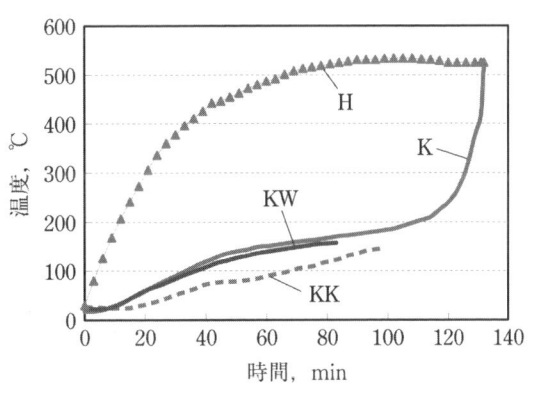

図 4.36 桐箱の加熱実験結果

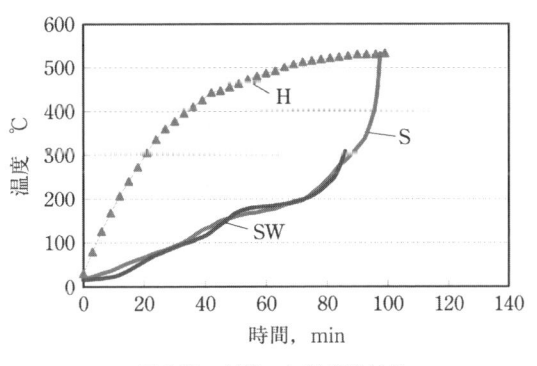

図 4.37 杉箱の加熱実験結果

のような箱型モデルを想定して試みた実験も行った．**図4.35**に，その実験装置を示す．また**図4.36**と**図4.37**に，この実験で測定された桐箱と杉箱における各条件下での温度測定値の時間変化を示す．すなわち各図において，記号 H：加熱面温度，KとS：桐箱と杉箱内部の温度，KWとSW：水分をかけた桐箱と杉箱内部の温度，KK：厚さ24 mmの桐箱内部の温度である．なお，この実験においては，すべて加熱面温度と箱内部温度が一致した時点で箱は発火している．

図4.36と図4.37の温度変化から，次のようなことがいえる．
① 燃焼までの時間は，桐箱の方が杉箱に比べて約30分間長い．
② 箱内部の温度上昇は，桐箱の方が加熱時間40分から120分にかけて杉箱より緩やかになっている．
③ 水分をかけた杉箱内部の温度はあまり変わっていないが，桐箱の方はそれのかけないものより約20℃低くなっている．
④ 厚さ24 mmの桐箱内部温度は12 mmのものより約50℃も低くなっている．

以上より，桐箱，杉箱の実験においても，先の板の加熱実験同様，桐材が炭化はしやすいが，なかなか発火しないこと，つまり難燃性のあることが明らかとなった．

(5) 桐の難燃性のメカニズム
① 木材の燃焼機構

一般に，木材を加熱すると，100℃内外で水分は蒸発し，220～260℃でヘミセルロースが分解し，240～350℃でセルロース，最後にリグニンが280～500℃で分解するとされている．この熱分解では可燃性ガス(CO, H_2, CH_4)が発生する．これらのガスと空気が混合し，ある濃度に達すると燃焼が起こる．

一方，木材の燃焼条件は次の二つであることが知られている[20]．
1. 熱分解生成物と空気よりなる可燃性混合気相が発火に必要な濃度になること．
2. 可燃性混合気相の発火に必要なエネルギーが供給されること．

先の4.3(4)項で述べた加熱・燃焼実験では，桐材と杉材の加熱条件は同じであるので，混合気相の発火に必要なエネルギーは同じであると考えられる．したがって，両材料の燃焼性の差異は主に条件1の影響であると予測される．

② 燃焼に影響する因子

図 4.38 に，桐材および杉材の燃焼時でのガスのクロマトグラフィ分析結果を示す．これより，杉材ではアルカン類の成分がやや多いが，桐材にはフラン系成分，ブタンアミンと酢酸の量が多く見られる．アルカン類はメタン系炭化水素ともいう．これを多く含む杉材の生成ガスにはペンタン (C_5H_{12}) とヘキサン (C_6H_{14}) の 2 種成分が存在し，前者は石油中に含まれ，後者はガソリン成分の一つでもある．一方，フラン (C_4H_4O) はある種の木材中に天然に存在し，また石炭の燃焼中に自然に生成される．これらのことより，杉材にはある種の可燃性ガス成分が桐材より若干多いことがわかる．

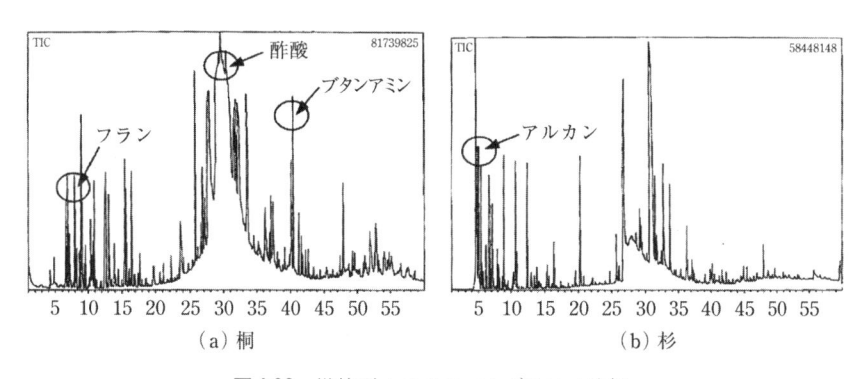

図 4.38　燃焼ガスのクロマトグラフィ分析

次に，既に表 4.6 に示した桐，杉材の化学成分の分析結果に注目しよう．桐材の方はリグニンの成分が杉材より 5％少ない．リグニンは，植物において特徴的に存在する疎水性芳香族高分子化合物であり，細胞壁内および細胞壁間に沈着し (図 4.31 参照)，細胞同士を結合しているものである．そして，リグニンが多いほど発生熱量と発生ガス量が多いことも知られている．したがって，この成分の少ないことが桐材の難燃性に関係していることが考えられる．

以上が桐材と杉材の材料組織分析からの難燃性の考察である．次に，両材料のミクロな構造組織に注目してみたい．図 4.39 はそれらの SEM 写真を示し，また図 4.40 はその状況を 3 次元で模式的に示したものである．これらよりわかるように，杉材においては，その仮導管は軸方向に連続しているが，桐材におい

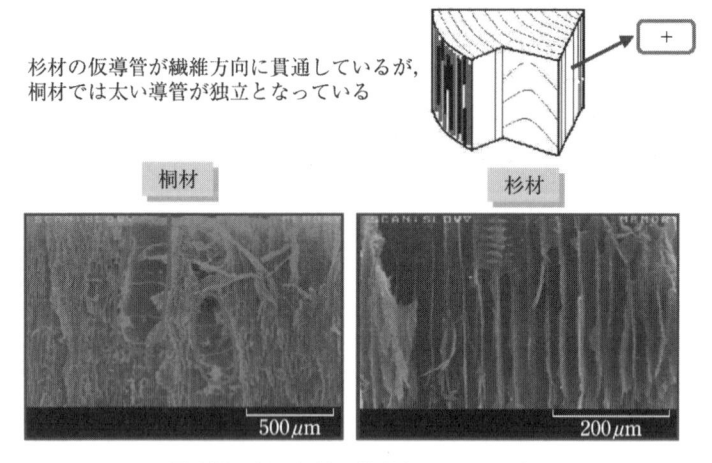

58   4．生物の特徴とそのからくりの例

杉材の仮導管が繊維方向に貫通しているが，
桐材では太い導管が独立となっている

図 4.39　桐・杉材の放射断面 SEM 写真

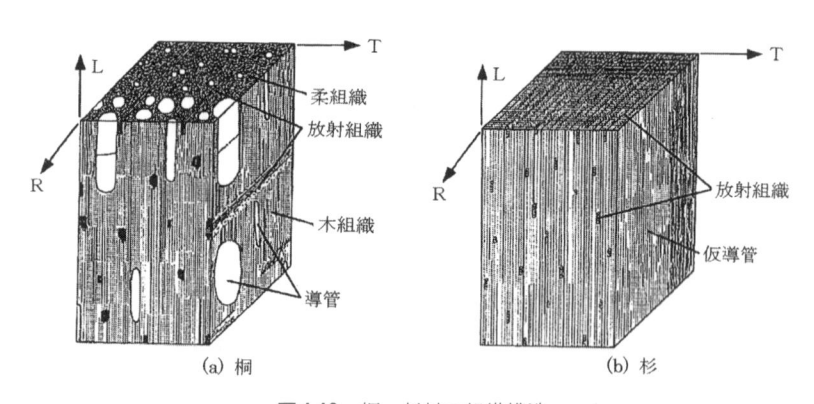

図 4.40　桐・杉材の組織構造

ては，導管は太いが，互いに独立した構造となっている．つまり，桐材のこのような組織構造では，燃焼時に内部まで酸素が流通しにくく，可燃性混合気相が発火に必要な濃度となりにくいと考えられる．このことが桐材難燃性の最も大きな理由と思われる．なぜなら，材料組織成分の相違よりも，図 4.39 や図 4.40 に見られるその構造組織の特異性が桐材において他の木材より顕著であるからである．

（6）桐から学ぶ設計論

これまでの記述から，桐材がきわめて軽量で，かつその耐火性(難燃性)のあることが明らかとなった．また，そのような特性を示すメカニズムについても材料組成から，ミクロな構造組織について特に理由のあることがわかった．

これらを通して，われわれは，まず軽量で難燃性を示す材料開発上のヒントの幾つかを得ることができる．その基本的考え方は，次のとおりである．
① 基地組織としてのマトリックス材料自身が不燃性を示すこと．
② ミクロな材料組織構造が空気(酸素など)の流通を阻止するものであること．

ところが，①の不燃性を示す材料とは，一般工業用材料としては金属材料，コンクリート，レンガ，セラミックス，ガラス，モルタル，漆喰，石などが知られているが，これらはきわめて高密度なもの(**表 4.9** 参照)ばかりで，材料軽量化とは逆方向にある．桐が特に評価されるべき点は，軽量であるにもかかわらず難燃性を示していることであろう．このことから，②の点が特に注目される．

つまり 4.3(4) 項でも述べたように，桐におけるミクロな構造は，図 4.40 のようにきわめて多孔質なものであるが，それら多くの空孔が互いに不連続なものとなっている．このようなミクロな自然がつくった形態を人工的に真似ることは不可能であるが，たとえば **図 4.41** (a) に示すように建築用構造材としての檜，杉などに対しては，ガラス質系の不燃溶剤をその成長方向と直角にある間隔で含浸させる方法や，高分子材料などを用いた製品に対しては図 (b) のような空孔不連続の内部組織とする工夫が考えられる．

以上が桐から学ぶ直接的な材料設計論の一部であるが，このことよりも，むし

表 4.9 各種材料の密度

材料の種類	材料名	密度，g/cm^3
金属	鉄	7.9
	チタン	4.5
	アルミニウム	2.7
	マグネシウム	1.7
岩石	砂岩・大理石・安山岩など	2.3〜2.8
コンクリート	普通骨材のもの	2.2〜2.3
ガラス	鉛・クリスタル	3.0
	ソーダ石灰	2.5
	シリカ	2.2
セラミックス	アルミナ	3.9
	炭化けい素	3.2
	窒化けい素	3.2
	炭素(グラファイト)	2.2
高分子	エポキシ	1.3
	ナイロン 6	1.1
木材	松，ブナ	0.4〜0.8

(a) 難燃性材　　　　(b) 人工材料

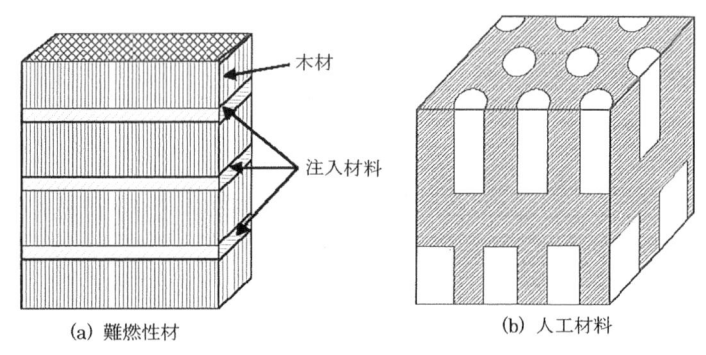

図4.41 難燃材料の開発

ろ著者は，この研究を通して古くから用いられてきている家具や調度品などがいかにその材料自身の特性を上手に利用しているかに感心させられた．このことは，既に4.1節で述べた竹とその製品に対する研究においても同様に感じたことである．われわれは，長い年月を経て今日に残されている各種の家具，調度品などに今一度注目し，またそれらを生み出している伝統工芸技術により一層の関心をもつべきものと思う．なぜなら，これらはすべて自然界に存在する材料とその特性を知り尽し，それを巧に生かすことによって生み出されたもので，そこには現代科学技術に応用できる多くのヒントが隠されていると考えられるからである．まさに，温故知新の重要性を思う．

4.4 繰返し衝撃負荷に耐える啄木鳥の秘密

（1）啄木鳥（キツツキ）への工学的視点

いまから20数年前になるが，著者は所属する大学の医学部整形外科教室から，疾患のために生体内に入れる各種人工骨の設計や，その破壊防止に関する研究の協力依頼を受けたことがあった．このような研究協力は，具体的テーマや研究担当者は変わったが，現在でも両研究室間で長く続いてきている．

さて，上述の研究に関連して医学系の方々と話す機会が多くなり，人間が繰返し衝撃負荷を受けると，その負荷重が小さなものであっても種々の関節部での障害の多くなることを知った．それらは，たとえばスポーツ障害としての野球肘やジャンパー膝などとしてよく知られているものである[21]．ところで，同じ生物でありながら，人間のそれらスポーツ行動などよりもっと過酷な条件下

で行動していると思われるキツツキが，まったく障害などの問題がないのはどうしてであろうか．もしかすると，キツツキはドラミング(木を叩く行動)による繰返し衝撃負荷を緩和する機構を有しているのではないか．そのようなメカニズムを明らかにすれば，それは人間の関節部傷害防止やその治療に応用可能かもしれない．また，これは削岩機や杭打ち機などの各種繰返し負荷を発生させる機器の耐久性向上などの工学的問題へも貢献できるものと考えられた．このようなことから，キツツキの行動，構造などを調べることになった．

（2）キツツキとドラミング

キツツキは，鳥綱キツツキ目キツツキ科に属する鳥の総称であり，ケラ類とも呼ばれている．オーストラリア，ニューギニア島，ニュージーランド，マダガスカル島および太平洋諸島を除いて，ほぼ世界に広く分布し，約210種生存しているといわれている．樹幹で生活し，幹の表面や樹皮の下にいる昆虫などを主食としている．したがって，キツツキの体はこのような生活に適した特徴をもっている[22]．まずくちばしは，**図4.42**に示すように真直ぐで，先は鋭く根元は太い．これは，樹幹に穴を開けることができるほど強い．また，足は短くて強く，その指は，**図4.43**に示すように通常の鳥類(前3本，後1本)と相違し，4番の指が広範囲に動くことによって，前2本や3本とその状況に合わせて適した状態となる．このことで，木の幹を自由に上・下することや，体をしっかりと支えることを可能としている．尾羽は，図4.42に示したように，幹に止まるとき，それを幹に押し付けて体の支え(第三の足)とするほどその羽軸は硬い．さらに，舌は**図4.44**に示すように非常に長く，伸縮自在で，しかもその先端には逆向きの刺があり，ヤスリ状である．これによって，木の幹の裂け目やひび割れに舌を入れて虫やその幼虫を獲っている．

図4.42 キツツキ(アオゲラ)

(a) キツツキ　　　　　　　　(b) 他の鳥

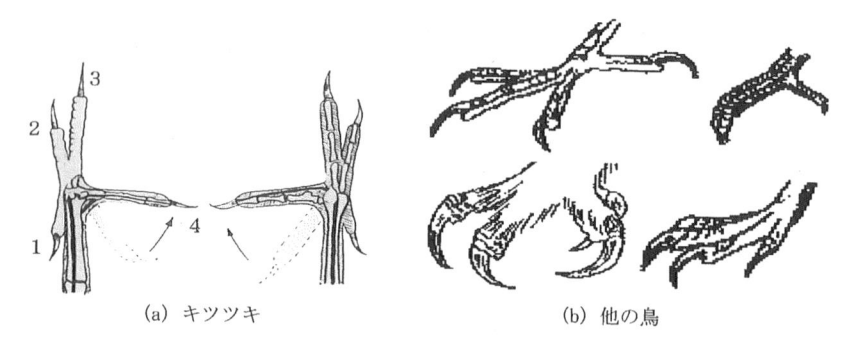

図 4.43　キツツキの足と指の状態

図 4.44　キツツキの舌(頭部は舌骨とも呼ばれる)

　このような形態的特長のみならず，それが他の鳥と大きく異なる生態行動的特徴としてドラミングを行うことが知られている．これは，キツツキが自らのくちばしを木に打ち付けるもので，1日に500〜600回，1秒間に18〜22回もの速さで行われるという．たとえば，ドングリキツツキのドラミング挙動の測定例では，1突きにかかる時間は1000分の1秒で，その速さは6.1 m/s(時速約24 km)とのことで，その衝撃負荷は1000 Gとも考えられている．
　このように，力学的には大変な衝撃を伴う行動としてのドラミングの役割としては，
① 木の中にいる虫を食べるため
② 巣穴をつくるため
③ 他の鳥のさえずり機能の代わり
④ テリトリーの維持
⑤ 性的誇示

と，様々な理由が挙げられている[22]．もともとは①の捕食行動が主目的で，それが進化して②〜⑤などの機能が生れたものであろうが，いずれもキツツキの生態と深く関連していることがわかる．

ここで，①の機能についての巧妙な習性を示そう．それは，キツツキは捕食が容易に行えるように，ドラミング行動で木の虫のいる穴付近を突つき，虫をびっくりさせてから穴から這い出させ，出てきたところを捕まえるという．まことに興味深いものであるが，このことを実際の戦略として用いた知将が，かの有名な山本勘助であり，その戦法を「キツツキ戦法」と呼んでいる．これは，武田信玄がその不倶戴天の敵である上杉謙信と戦ったときに，妻女山で長く動かない謙信を八幡原へ誘い出し，壊滅する方法として用いられたものである．結果としては，この策を考えて実行した武田側がむしろ不利なものであったが，このような巧みなことをキツツキ自身が常時行っていることには驚かされる．

(3) キツツキの骨格構造と組織[23]

さて，著者がこれまで行ったキツツキに関する研究の一部を紹介しよう．この研究に関する動機については既に4.4(1)項で述べたが，実際に研究を着手するのには大変苦労した．それは，研究対象としてのキツツキの入手がきわめて難しいものであったからである．当初，日本最大のキツツキとしてのクマゲラを入手したいと思ったが，その生息域も白神山系より北方の限られた領域で，かつこれ自身保護鳥であり，生きたものはもちろん，標本すら入手困難であった．このような折，著者が所属していた大学の理学部生物学科の先生の協力で，しかも著者が住んでいる地域近くの白山山系に生息しているアオゲラ，アカゲラの冷凍保存された死体試料を白山自然保護センターよりいただけた．

研究は，まずこれの解剖とCT撮影から始めた．**図4.45**に，アオゲラと比較のためにスズメ目ホオジロ科のクロジの解剖による写真を示す．これより，特にそれらの頭部を中心として以下の力学的特徴が認められた．

① キツツキのくちばしは，クロジのそれに比較して頭部全体に占める割合が大きく，しかも上・下方向に平らになっており，かつそれが首までストレートに伸びている．また下顎に注目すると，その蝶番を形成している方形骨が，この種の鳥では考えられないほど大きい．これらの点で，くちばしの先端に発生した衝撃による応力波を脳より後，つまり首の部分へと真直に逃がす効果があ

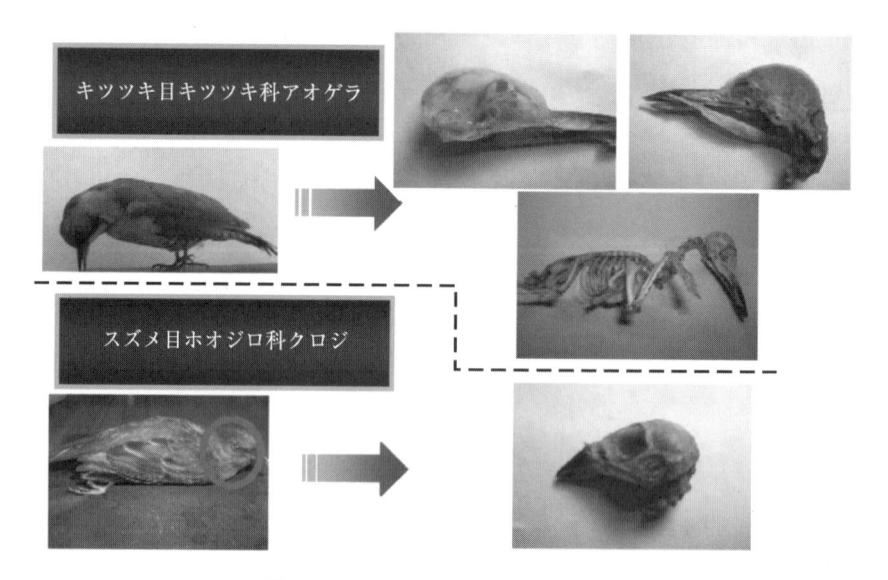

図 4.45 キツツキとクロジの解剖図

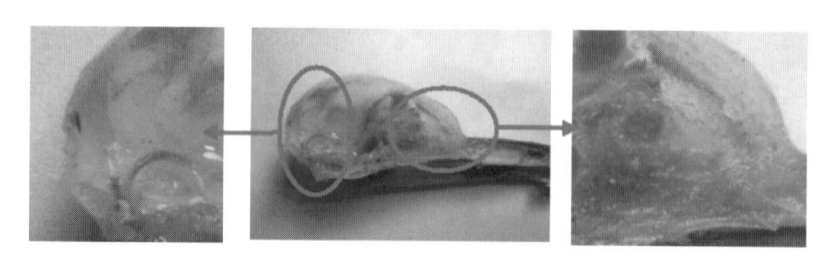

図 4.46 キツツキ頭蓋骨の目の付近の状態(海綿骨の部分が見られる)

ると考えられる．さらに解剖の結果より，キツツキの首につく筋肉は分厚く，首へと伝ぱした応力波は，ここで十分に吸収されるのではないかと考えられる．

② **図 4.46** の丸印の位置において，まるで骨はスポンジのような海綿骨状の状態である．これは，脳に衝撃による応力波が伝ぱする前にそれを分散させる効果があると考えられる．

③ キツツキの頭部には，**図 4.47** に示す舌骨と呼ばれる舌の延長状のもの(図4.44で既に説明)がある．これは，顎から頭蓋骨の後ろをグルリッと回り，右の鼻腔へとつながっている．このような状態は，クロジには見られなく，一種の

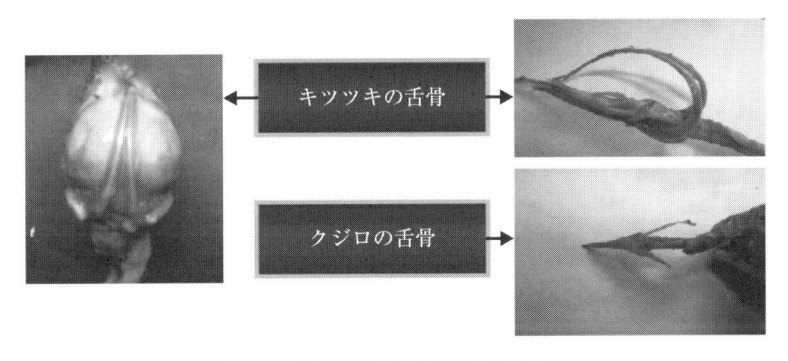

図 4.47　キツツキとクロジの舌骨

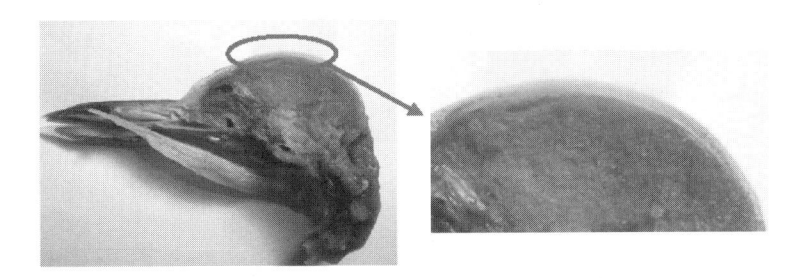

図 4.48　キツツキの脳と頭蓋骨・硬膜

縦型の2重鉢巻のようなもので，キツツキ特有の頭部補強法と考えられる．

④ 図 4.48に示すように，キツツキの脳と頭蓋骨とのすき間がほとんどない．これは，つまり脳脊髄液がほとんどない状態であるから，脳は頭蓋骨・硬膜に密閉されている状態になっているので，衝撃を受けても脳自体の移動がほとんどないものと考えられる．

以上，①～④がキツツキの解剖から得られた頭部における構造・組織状態の特徴を示したものであるが，これが耐衝撃性から考えて，力学的に妥当なものであるかを次に検討してみたい．

（4）頭部の衝撃波伝ぱ挙動

キツツキがくちばしの先端にドラミングによる衝撃負荷を受けると，その頭部の骨格にはどのような応力状態が生ずるのかを明らかにした．その方法は，光造形法によって作成した頭部3次元樹脂モデルによる動ひずみ測定実験と，対

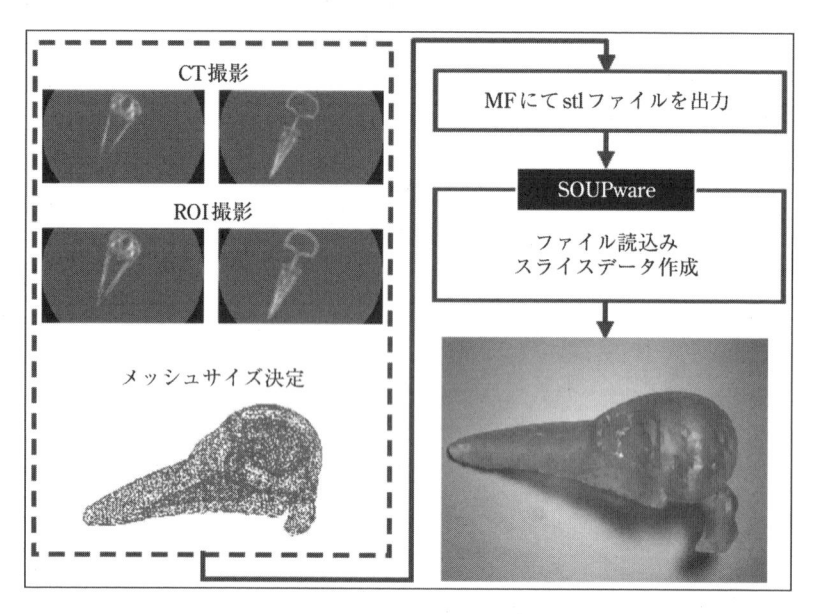

66   4．生物の特徴とそのからくりの例

図4.49　キツツキの3次元FEMおよび光造形モデルの作成方法

応するFEMモデルによる動ひずみ分布解析である．

まず実験およびFEMモデルの作成は，先に解剖に用いた骨格のみのキツツキに対しCT撮影を行い，その画像から骨の輪郭線を抽出する．それらをもとに，**図4.49**に示すように専用ソフトウェア「Mechanical Finder」〔MF：(株)計算力学研究センター〕を用いて，まず3次元FEMモデルデータを作成する．その後，これを光造形用ソフトウェア「SOUP Ware」にインポートすることで3次元光造形モデルがつくられる．このモデルを**図4.50**に示すように，その首部を完全固定し，4箇所にひずみゲージを貼付した．実験により得られた

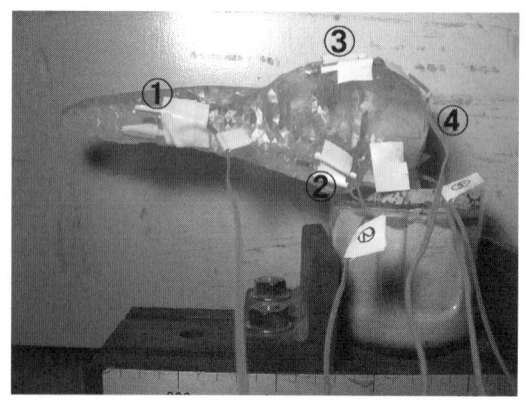

図4.50　実験モデル

結果は **図 4.51** である．これにより，各部の第 1 波のひずみ値 (第 2 波以降の値は実験モデルや，その境界条件などであまり再現性がなく，信頼できない) に注目すると，くちばしの先端である場所 1 において最も高いひずみが生じている．また場所 2 と 3 を比較すると，下顎である場所 2 の方が場所 3 より高い値となっていることがわかる．さらに，場所 4 (後頭部) はその値が特に低い．これらより，キツツキのくちばしを含む頭部の特異な形状は，発生する衝撃による応力波をくちばしから下顎に伝ぱさせ，脳のある頭部後方へとあまり伝えずに，首へと逃がす効果のあることが考えられる．

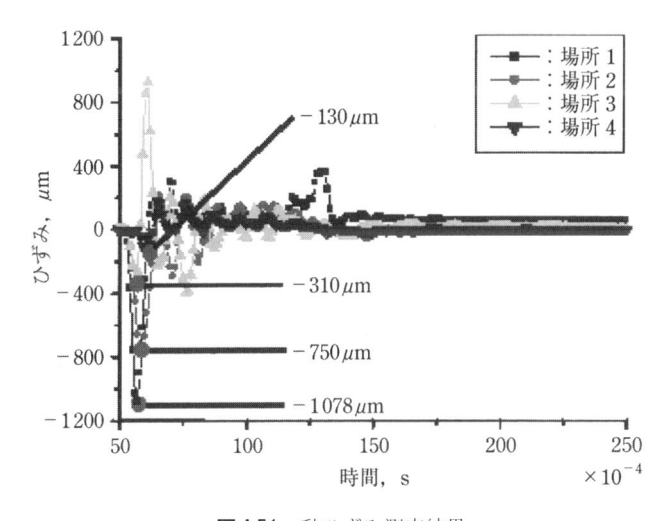

図 4.51 動ひずみ測定結果

以上述べたことが，3 次元 FEM モデルによる動ひずみ分布解析でも確認されたことを次に示そう．解析に用いた FEM モデルは，図 4.49 に示したもので，すべて 4 節点，4 面体要素からなり，節点数 8 129，要素数 37 102 である．このモデルでのくちばし先端に 0.001 秒間，2 N のステップ波を集中荷重として与えて，各部のひずみ挙動を調べた．なお，キツツキのくちばし，頭蓋骨の材料定数は未知であるので，すべて人間の頭蓋骨の値を用いた[24]．**図 4.52** に，先の実験とほぼ同様の位置における ひずみ解析結果を示す．これより場所 2, 3 のひずみ値を比較すると，場所 2 においてそれが高くなっている．また場所 4 では，ほとん

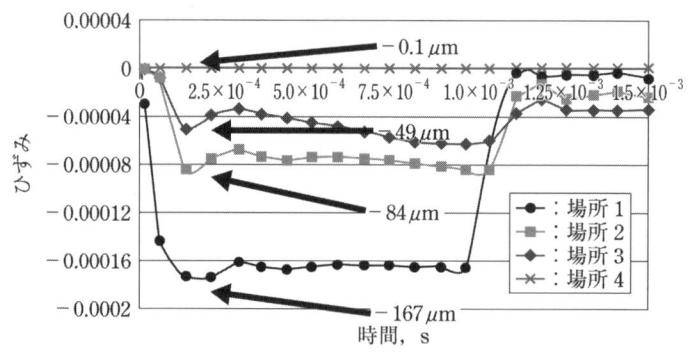

図4.52 FEM解析結果

どひずみの生じていないことがわかり，これらは先の実験の結果と同様である．結論として，キツツキのくちばしと頭部の形状・組織は発生する衝撃負荷に対して，その荷重をくちばしから下顎を通して首へと逃がす効果のあることがわかった．

(5) 脳における応力波伝ぱ挙動

ここでは，ドラミングによってキツツキの脳自身がどのような応力変化を受けているのかを明らかにしよう．特に，4.4(3)項で述べたキツツキ頭部の構造・組織の特徴が，その挙動にどのような影響を与えているのかに注目する．

まず，4.4(3)項の③でキツツキ頭部に舌骨と呼ばれる舌の延長状のものがあることを指摘したが，この力学的効果を調べた．図4.53に，そのためのFEM解析モデルを示す．図(a)は舌骨なしで，図(b)が舌骨のあるもので，これらはす

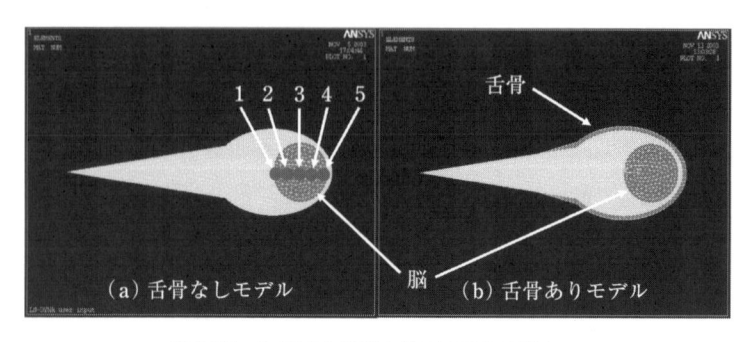

図4.53 キツツキ頭部2次元FEMモデル

4.4 繰返し衝撃負荷に耐える啄木鳥の秘密

べて解剖したキツツキの脳を有する断面を上方から見たもので，舌骨もそれに対応して横方向に存在するとしたほぼ実寸に近い2次元モデルである．解析上必要な各部の材料定数については，くちばし，頭蓋骨では人間の頭蓋骨，また脳では人間のその定数を用いたが，舌骨では人間の腱とほぼ同様と考えた．荷重条件は20 Hz でドラミングを行うことを前提に，1サイクル約0.02秒とし，持続時間0.005秒の大きさ2 N のステップ波をくちばし先端に与えた．さらに，キツツキ頭部は拘束なく完全フリーとして解析した．

表4.10は，図4.53に示す脳の各位置(点1〜5)における任意の時間でのX方向応力の舌骨の有無による比較を示したものである．ここで，応力比とは舌骨ありのモデルの応力値を舌骨なしのモデルの応力値で割った値のことである．なお表では，これらの値の時間変化として0.0004〜0.0052秒までのものを離散的に示したが，これ以降は値が低いため省略している．この表より，脳の全解析位置や全時間にわたって，舌骨を有しているモデルの方が約1〜4割程度，圧縮・引張応力ともに低くなっていることがわかる．なおこの傾向は，脳を囲む頭蓋骨部においてもほぼ同様に見られた．これより舌骨を有することは，衝撃に対し，これが脳はもちろんキツツキ頭部を効果的に保護していることが明らかとなった．このことは，ドラミング時にくちばしが心もち前後に動くこと，つまり舌骨が大砲の緩衝器の役割をして，その衝撃を緩和しているのではないかと

表4.10　解析結果

	舌骨なし応力, Pa	舌骨あり応力, Pa	応力比		舌骨なし応力, Pa	舌骨あり応力, Pa	応力比
	0.0004 s				0.004 s		
場所1	−3964.2	−3575.3	0.9	場所1	−3810.3	−3480.4	0.91
場所2	−2028.2	−1833.8	0.9	場所2	−2531.7	−2311.3	0.91
場所3	−47.15	136.64	0.93	場所3	480.99	467.27	0.97
場所4	2477.7	2225.8	0.9	場所4	2889.4	2642.9	0.91
場所5	3988.2	3559.4	0.89	場所5	3865.4	3503	0.91
	0.002 s				0.00052 s		
場所1	−2115.3	−1773.3	0.84	場所1	1320.5	943.16	0.71
場所2	−1348.8	−1140	0.85	場所2	374.47	169.44	0.45
場所3	297.9	255.41	0.86	場所3	−85.488	−48.623	0.57
場所4	1547.4	1298.6	0.84	場所4	−724.22	−445.6	0.62
場所5	2078.4	1788	0.86	場所5	−1157.9	−733.51	0.63

いう考え方(京都大学理学部 喜多村竜太郎氏)を裏づけるものでもある．

次に，4.4(3)項の④で，キツツキの脳にはそれを囲む脳脊髄液がほとんどない特異な状態であることを指摘したが，この力学的効果も2次元 FEM モデル解析で検討した．そのモデル化や方法についての詳細は省略するが，得られた結果の結論として，脳脊髄液のない方が，それを有するものより，特に脳後方部で生ずる最大引張応力 $\sigma_{t\,max}$（これが大きいほど脳損傷が生じやすい）の低下することがわかった．この理由は，もともと $\sigma_{t\,max}$ はドラミングの圧縮衝撃波が脳の後方境界で反射して生ずるものであり，それが脳脊髄液の有するモデルほど反射境界面が自由端に近くなるので，その効果が大きいからと考えられた[25]．

以上，キツツキの脳に注目し，そこに生ずる応力挙動を調べた結果，キツツキの脳を囲む構造・組織がいかに巧にそれを保護しているかが明らかとなった．

(6) キツツキから学ぶ設計論

これまで，キツツキの骨格構造・筋組織の特徴を，特にその頭部を中心に解剖，ひずみ計測実験，FEM 衝撃解析を通して明らかにしてきた．これらより，キツツキはおよそ次のような自らが行うドラミング行動から受ける衝撃負荷に対し，特有の耐衝撃システムを有しているであろうことがわかった．

① くちばしを含む頭部の特異な形状が，ドラミングによって発生した衝撃による応力波を分散させ，かつその大部分を下顎を通して首へと逃がす効果がある．

② 首へと伝ぱした応力波は，その部分の太い筋肉と，さらに特異な指を有する2足と羽軸が硬い尾羽の3点支持によって木へと分散伝ぱしている．

③ キツツキ特有の巨大な舌骨は，その自在な伸縮性のために木の表面や穴などにいる昆虫などを巧に捕え，食べるのに適している．さらに，これが弾力性のある縦型鉢巻となって脳に伝ぱしてくる応力波を低下させる効果がある．

④ キツツキの脳は，脳脊髄液がほとんどなく，頭蓋骨・硬膜によって密閉されている状態である．これは，衝撃によって脳に伝ぱしてくる圧縮応力波の脳後面境界での反射によって生ずる危険な引張応力波を低く抑える効果がある．

以上で述べたことのほかにも，耐衝撃機構は幾つか考えられる．たとえば4.4

(3)項で述べた頭蓋骨の中に比較的大きな領域でヤング率の低い海綿骨部を有すること(図4.46参照)は，明らかにドラミングによって伝ぱしてくる衝撃波を脳以外の部分へと分散させる効果がある．また，ドラミングは1秒間に18～22回の速さでくちばしを木に打つ動作であるが，このような高サイクル負荷が，くちばしや頭蓋骨などで伝ぱし，かつ反射してくる高い圧縮と引張応力波を時間的に巧みに相殺させる効果のあることを著者らは対応するモデル計算から明らかにしている[26]．

このように耐衝撃システムに絞っても，キツツキは，くちばし，頭蓋骨，下顎，舌骨はもとより，首，足，尾羽など，すべての構造・組織状態がそれらに対応して最適につくられている(**図 4.54**)．このことは，4.4(2)項で説明したキツツキ特有の足の指の動きや，ドラミングにおけるサイクル数など，それら自身の行動(動作)様式にも見られることである．このように，その生物の動作から始まり，構造や組織などのすべてがある目的に対応してつくられていると考えられることは，何もキツツキに限定されるものではないが，これまで取り上げてきた竹，卵，桐に比較し，キツツキがはるかに複雑なシステムであり，それでもなおそれに対応して精緻につくられているかといことに驚かされる．さらに重要な点は，キツツキ自身の真の目的は何も耐衝撃システムを構築するこ

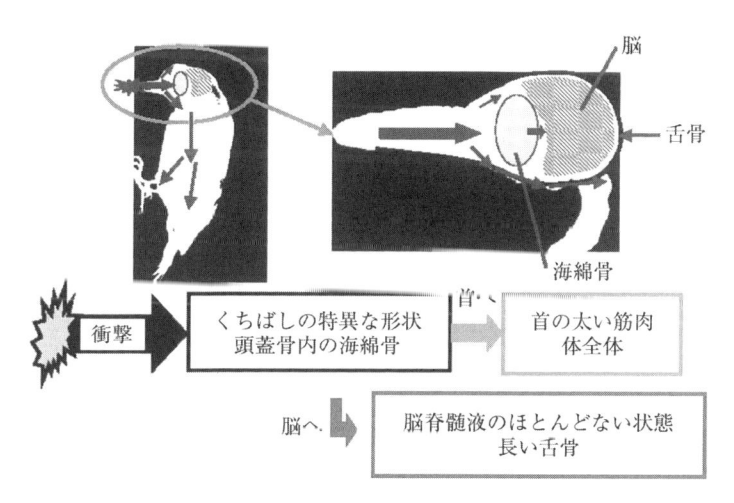

図4.54 キツツキの耐衝撃システム

とではないはずである．むしろ，その生命を維持し，子孫を繁栄させることであろうから，それらの行動や構造・組織は，そのことに対応したものであるはずである．このことから，キツツキの行動，構造，組織のすべてが，それらに対して最適であると考えられる．

結論として，われわれがキツツキから学ぶことは，その行動を含め，構造，組織のすべてが，多目的・多機能であるということであろう．そして，そのような設計が生物においてどのような過程でなされているのかを知ることが最も重要な点といえると思う．

4.5 スーパー長寿命な銀杏の秘密

(1) 銀杏への工学的視点

2011年3月11日午後2時46分頃に，マグニチュード9という歴史上も日本最大級といわれる大地震と，それに続く大津波が東北・関東地方を襲った．いわゆる東日本大震災である．これによる死者，行方不明者の数は，2万人に及ぶといわれている．このように，東日本大震災での被害はすざましい．改めて多くの被災された方々に厚くお見舞い申し上げたい．

ところで，地球誕生の長い歴史から見れば，この惨い震災をもたらした大地震，大津波においてすら，地球環境変動の1コマにすぎないものであるという．そして，このような時間的にも空間的にも超過酷な挙動を示す地球上において，生物は，一般にしたたかにその生命を永らえている[27]．特に銀杏は，その起源が1億5000万年ほど遡る古生代末あたりといわれ，また地球の歴史上最大の環境変動である大氷河期にも耐え，今日までその種を保ち続けている．いわゆる「生きた化石」と呼ばれる所以のものである．

それでは，この銀杏のスーパー長寿命性は，いったいどのようなものからきているのであろうか．このことを調べることは，単に生物の巧妙な「からくり」の一例を知ることのみならず，ますます複雑化している大型機器(たとえば，航空機，船舶，原子力発電所など)の安全設計，信頼設計はもとより，多くの巨大システムの危機管理上の重要な知見をわれわれに与えてくれるものと思われる．

著者は，1995年頃，銀杏の中種皮(殻)の力学的特性を調べたことがある[28]．その時点より銀杏には興味をもち続けていたが，今回の大震災を契機に以前と

(2) 銀杏という植物

日本では，銀杏と書いて，「イチョウ」あるいは「ギンナン」と呼んでいる．当然のことながら，イチョウは学名 Ginkgo biloba と呼ばれる落葉高木の一つであり，ギンナンはその雌木が結ぶ実のことである．ここでは，このような言葉の混乱を避けるため，それぞれをカタカナ表記で，「イチョウ」，「ギンナン」と示すことにする．

さて，欧陽菲菲が歌った『雨の御堂筋』で有名な「イチョウ並木」で知られているとおり，日本にはこの樹木が全国広く植えられている．われわれの近くでも，神社や公園には必ずといってよいほどこの樹木があり，しかも，中にはかなり古くから植えられたと思われる大木を見ることができる(日本一の大イチョウは，青森県深浦町の「北金が沢のイチョウ」で，樹高40 m，幹周22 m，樹齢1 000年以上のものといわれている)．このように，広くこれを見ることができることからもわかるように，イチョウは環境変化に大変強い．事実，イチョウはソテツ類と同様「生きた化石」と呼ばれるほど，生命力の強い植物なのである．Arnold[29]は，これを「現存する種子植物の中で，おそらく最も古い属であろう」とまでいっている．このことは，現存するイチョウと非常によく似た葉の化石が，中生代に堆積した岩石から見つかっていることで証明されている(たとえば，福井市自然歴史博物館でその化石を見ることができる)．

詳細な研究によれば，イチョウの起源は，いまから1億5 000万年ほど遡る古生代末二畳紀から中世代三畳紀であろうといわれている(**図4.55**参照)[30]．そして，ジュラ紀から白亜紀にかけて世界中に繁茂したが，その後の新生代氷河期(第四紀に属する)の寒冷な環境条件下でほぼ絶滅した．ただし，その中でも比較的穏やかな気候であったと思われる中国中部地域のものが生き残ったと考えられている．したがって，現在日本をはじめ世界に広く分布しているイチョウは，すべてこの中国から渡ったものと推察されている．それでは，このようなとてつもなく長い期間生き続けているイチョウのその生命力の強さは何からきているのであろうか．まず環境条件として，それに最も影響を与える気温の変化への対応を考えてみよう．

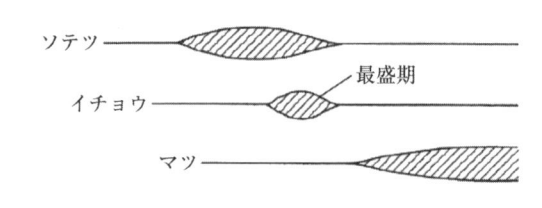

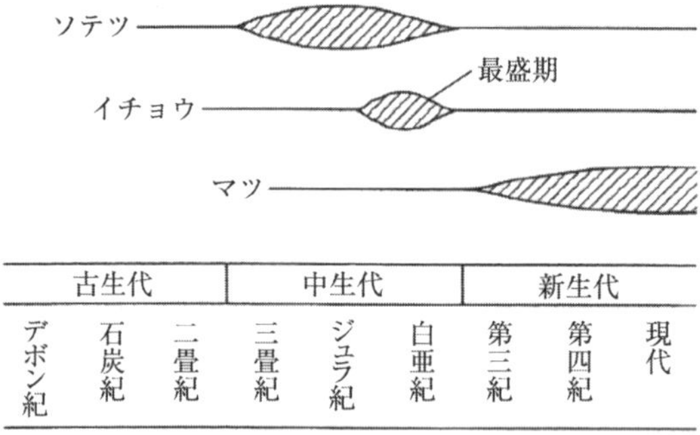

74   4．生物の特徴とそのからくりの例

図4.55　イチョウの起源(年代紀)

古生代			中生代			新生代		
デボン紀	石炭紀	二畳紀	三畳紀	ジュラ紀	白亜紀	第三紀	第四紀	現代

イチョウは，図 4.56 [31] に見られるとおり，樹皮がコルク質であり，樹体を気温の変化からよく保護している．これは，4.3 節で説明した桐の構造・組織の場合と同様に，多孔質体としてのコルク質が樹体への熱の伝導性をきわめて悪くしているためと考えられる．

このことから，従来イチョウは火事に強く，火事に会っても翌年にはまた芽を出すこともあるといわれている．また江戸時代には，火除けのためにわざわざこれを計画的に植えたとの記録もある．とにかく日本でも，北は北海道から南は鹿児島まで広範囲にこれが生育しており，このことも高温・低温環境下できわめて強いことの証しといえよう．

イチョウが他の樹木と異なる大きな特徴の一つに根の働きがある．図 4.57 [30]

図4.56　イチョウの樹皮(コルク質で樹体を保護している) [31]

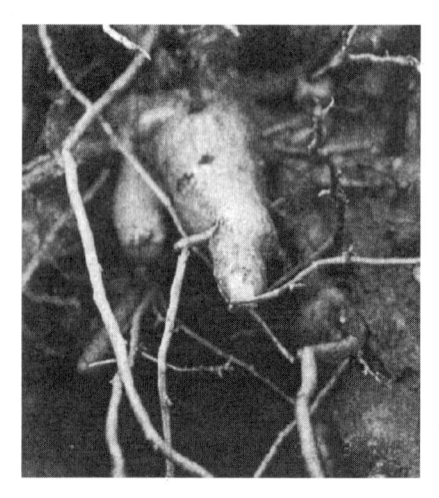

図4.57　イチョウの芋状に肥大している根 [30]

に，その根の一部が芋状に肥大している状態を示す．この肥大部は，サツマイモやジャガイモと同様に養分を蓄積している．しかも，これはその木が育っている土壌の条件が不良なほどよく生ずる現象であることも知られている．このことより，イチョウが悪い土壌環境においても，生育するための安全装置を有していることがわかる．またイチョウの根については，その発育を促す菌根菌類と共生していることもわかっており，これもイチョウの生命力の強さを支える因子と考えられる．

ところで，イチョウの起源といわれている中国では，これを鴨脚(yajiāo：イアチャオ)樹と呼んでいる．それは，イチョウの葉が鴨の脚に似ていることに由来している．事実，イチョウの葉は，図4.58[31]に示すように，他の樹木のそれと異なり，特異な扇形をし，しかも硬く，厚く非常に丈夫である．さらに，秋には黄色く黄葉し，まことに美しくなる．この美しい落葉の情景を，歌人与謝野晶子はみごとに次のように歌っている．

「金色の小さき鳥の形して，銀杏散るなり夕日の丘に」

イチョウの葉は，落葉してもなかなか腐らない．これは，孔辺細胞が小さく，病原菌の侵入を阻止しているためと，後に述べる防虫成分を含有していることによるといわれている．実際，イチョウは他の樹木に比較してずば抜けて病害虫の被害が少ない．

以上，イチョウの生命力の強さの因子を，その樹体そのものの各部に注目して述べたが，イチョウのスーパー長寿命のからくりは，その世代交代法，つまりいかに種を保存し，繁栄させているかに特徴があると思われる．この点から，次にイチョウの種(実)としての「ギンナン」に注目してみたい．

図4.58 イチョウの葉[31]

（3）ギンナンとその周辺

イチョウは環境条件にもよるが，一般に寿命が長く，1000年を超えることも

めずらしくはない．この雌木の実としてのギンナンであるが，これを果樹として栽培している方々も多く，その場合の経済樹齢(ギンナンが収穫できる期間)も，**表 4.11**[30]に見るように，ほかの果樹類に比較して抜群に長い．このことは，栽培上，きわめて好都合であることはもちろん，その種の生存能力の強さを示している．ただし，実が収穫できるまでの育成期間も長く，俗に次のようにもいわれている．

「モモ・クリ3年、カキ8年、ユズの馬鹿野郎15年、イチョウの気違い30年」

また，「イチョウは孫、子の代に実を結ぶ」ともいわれている．しかし，ギンナン経営をされている方々は，種々の工夫によってこの育成期間を最短3～5年程度までにしているとのことである．さらにギンナンの栽培では，先にも述べたようにイチョウ自身が病原菌に強く，薬剤散布もほとんど必要なく，土壌を含めた悪環境下でも生育することから，きわめて省力化できることが利点であるという．

表 4.11 各種果樹の育成年数と経済樹齢 [30]

樹種	ギンナン	ナシ	リンゴ	モモ	クリ	カキ	ブドウ
経済樹齢(年)	60	20	27	12	25	35	12
育成年数	12	7	9	6	7	9	4

さて，**図 4.59**[30]にギンナンの断面でのその組織状態を示す．多くの果樹では外種皮(果肉)が食用に供されるが，ギンナンのこれは熟するときわめて強い異臭を放ち，またこれに触れるとかぶれを生ずることから，人間はもちろん，他の多くの動物たちにも忌み嫌われる(サル，タヌキ，ネズミなどはこれを忌避するが，アライグマのように食するものもいる)．このことが，逆にイチョウとしての種の保存に貢献しているものと考えられる．外種皮の熟したときの異臭の主成分

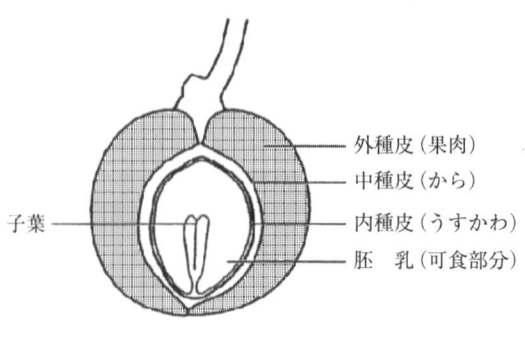

図4.59 ギンナンの断面 [30]

表 4.12 主な果実の成分表(可食部100g中)

成分\果実名	エネルギー (kcal)	たんぱく質 (g)	脂質 (g)	炭水化物		無機質			ビタミン					
				糖質 (g)	繊維 (g)	カルシウム (mg)	鉄 (mg)	カリウム (mg)	A		B_1 (mg)	B_2 (mg)	ナイアシン (mg)	C (mg)
									カロチン (μg)	A効力 (IU)				
カリン	55	0.3	0.1	13.4	1.3	7	0.2	160	32	18	0.01	0.02	0.2	20
ギンナン	172	4.7	1.7	34.5	0.2	5	1.0	700	290	160	0.28	0.08	1.2	23
クリ	156	2.7	0.3	34.5	1	23	0.8	500	47	26	0.32	0.11	0.8	22
クルミ	673	14.6	68.7	10.3	1.4	85	2.6	55	23	13	0.26	0.15	1.0	0
ブドウ	56	0.5	0.2	14.4	0.2	6	0.2	130	15	φ	0.05	0.01	0.1	4
ミカン	44	0.8	0.1	10.9	0.2	22	0.1	150	120	65	0.1	0.04	0.3	35
リンゴ	50	0.2	0.1	13.1	0.5	3	0.1	110	11	φ	0.01	0.01	0.1	3
カキ(甘)	60	0.4	0.2	15.5	0.4	9	0.2	170	120	65	0.03	0.02	0.3	70
干し柿	265	3	0.2	68.9	1.5	2	0.7	820	320	180	0.02	0.02	0.7	3

注:φはきわめて微少量が含まれていることを示す.
香川 綾監修・科学技術庁資源調査会 編〈四訂日本食品標準成分表〉より.

はヘプタン酸で,かぶれや皮膚炎の原因は,これに含まれるビロボール,ギンゴール酸であることがわかっている.特に後者の成分は,イチョウ自身の幹や葉にも含まれており,これがイチョウの防虫の役割を担っているといえる.硬くて丈夫な中種皮(殻)に守られた胚乳が,われわれが通常食する部分である.これは,**表 4.12**に示すように,他の果実に比較して特にエネルギー源として,またタンパク質,脂質,鉄分,カリウム,カロチン,ビタミン B_1, B_2 などに富んでいる.古くから,単なる食用としてのみでなく,咳止め,内臓障害,夜尿症などに,また最近では認知症にも効果があるといわれ,薬用として評価されている.

(4)ギンナンの形状と種類

ギンナンは,イチョウの世代交代の働きをもつ重要な実であるが,これが熟するときわめて強い異臭を放つことは既に述べた.このことが,多くの動物たちに忌避され,結果としてイチョウの新世代が保存されることになる.ただし,人間は別として,これを食する動物たちもおり,彼らはギンナンを食しても,外種皮のみを消化し,硬い中種皮より内部は,結局外界へ出すことが多い.こ

のようなことから，ギンナンはその母樹の周りを含め，広く地上に分散され，時間を経て発芽することになる．

ところで，ギンナンは発芽までの間は最も重要な胚乳を育て，守る必要がある．その大きな役割を担うものが硬くて，丈夫な中種皮，つまりギンナンの殻である．この点から，ギンナンの殻の役割は，既に4.2節で述べた卵の殻の役割ときわめて類似している．つまり，ギンナンの殻も外部からの負荷には強く，内部からのそれには弱い(発芽時期には容易に割れる)ことが望まれる．このようなギンナンの殻の力学的仕組み(これは，モモ，クルミ，杏など，他の多くの果樹類の実においても同様に必要な仕組みともいえる)を次に述べる．

図4.60にギンナンの写真と形状・座標系，また**表4.13**にその典型的寸法を示す[28]．ギンナンの形状は，おおよそ次の3種に分けられる．

① 球体 ($a/b < 1.25$を満たすもの)

② 楕円体 ($a/b \geq 1.25$を満たすもの)

③ 三角錐体 (フランジの凸縁数が三つあり，比較的数は少ない)

一方，ギンナンを栽培している方々は，これの品種として次のものを挙げている．

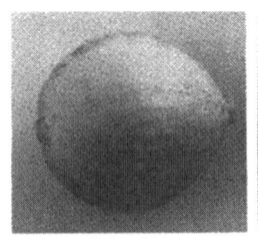

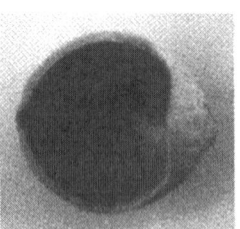

(a) 外側　　(b) S_6方向

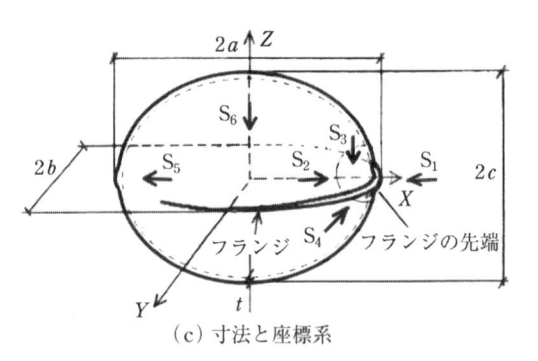

(c) 寸法と座標系

図4.60 ギンナンの殻 ($S_1 \sim S_6$はギンナンの観察方向を示す)[28]

表4.13 ギンナンの殻の寸法とその分類[28]

寸法	① 球体形	② 楕円体形	③ 三角錐形
a, mm	18.0～23.0	18.0～24.0	18.0～24.0
b, mm	16.0～21.0	13.0～17.0	—
c, mm	12.0～15.0	11.0～14.0	—
t, mm	0.4～0.65	0.4～0.65	0.4～0.65
γ, mm	0.003～0.009	0.003～0.009	—
a/b	1.05～1.25	≥ 1.25	—
a/c	1.35～1.65	1.6～2.0	—

γ：フランジ先端部の潜在き裂寸法

① 金兵衛：9月下旬頃熟す．3～4gの中粒で，多く収穫でき，苦みが少ない．ただし，外観はあまりよくない．
② 久寿：10月上～中旬頃熟す，晩生種．5g程度の丸形で，大きく品質もよいが，貯蔵性のないのが欠点．
③ 藤九郎：10月中旬頃熟す晩生種．4g程度の豊円形で，表面も滑らかで光沢がある．殻の厚さも薄く，味もよく，貯蔵性もあるが，収穫量が少ない．

（5）ギンナンの殻の材料組織と構造特徴

表4.14に，著者らがJayme Wise法[32)]によって求めたギンナンの殻の材料組織成分を示す．これより，殻の成分はリグニン成分とセルロース成分の量がほぼ同じで，これらを合わせて全体の91％を占めていることがわかる．これは，**表4.15**[33)]に示す他の木材の成分と比較しても，リグニン成分が30～35％程度多い．本書では，既に述べたように，リグニンは疎水性芳香族高分子化合物で，高等植物における細胞壁内および細胞壁間に沈着し，細胞同士を結合している，いわゆる接着剤といえるものである．したがって，これによって構成される植物の組織は，化学的にも物理的にも強固であるのみならず，水分通導組織では，これの沈着により水漏れを防止できる．そのため，ギンナンの殻においても，その内部にある胚乳の生命を維持する水分と発芽力を保護していると考えられる．

また，リグニンとセルロースの役割は，FRP材におけるマトリックスと強化繊維との関係と同じと考えられるので，リグニン成分が多いギンナンの殻は圧縮強さが大きい組織といえる．ギンナンは，そ

表4.14 ギンナンの殻の材料組成[32)]

素材	プロテイン	リグニン	セルロース	他
質量(%)	1.4	46.2	44.7	7.7

表4.15 日本における代表的樹木の材料組成[33)]

素材	プロテイン	リグニン	セルロース	他
赤松，質量(%)	3.5～7.5	10.7～24.5	48.6～58.3	0.6～1.3
黒松，質量(%)	4.1～7.1	14.2～24.3	55.3～58.1	0.3～2.4
杉，質量(%)	2.6～8.0	13.2～22.7	49.0～56.6	1.3～3.6
檜，質量(%)	3.3～8.9	11.7～24.3	50.8～58.1	1.3～4.4
カラマツ，質量(%)	5.7～25.6	10.1～28.3	47.2～58.3	3.9～11.7

の発芽までの間はこれを食しようとする動物たちや，自然環境により外力を受ける場合が多いので，4.2節で述べた卵殻の場合と同様に，ギンナンの殻にも外力に対応した高い圧縮の応力場が生ずることになる．殻がリグニン成分の多い圧縮強さの大きい組織であることは，このことに対応した適切なものといえる．

また，著者らの殻各部の走査電子顕微鏡(SEM)観察により，セルロースは層状となって多数重なり合い，それらの間をリグニンがマトリックスとして固めていること，つまり殻は力学的に特に圧縮に強いFRPの積層シェル構造とみなせることがわかっている．このようなことで，ギンナンの殻は容易に割ることはできない．したがって，ギンナンを栽培されている方々も外種皮(果肉)を除くことは比較的簡単に，しかも機械化が容易であるが，中種皮としての殻を割

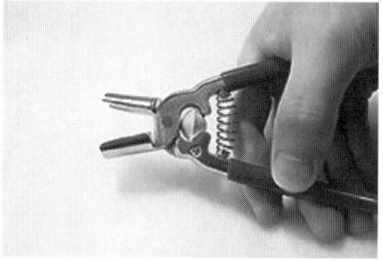

図 4.61 ギンナン割り器の一例 (先の方が大きいギンナン，手前で小さいギンナンを割ることができる) [34)]

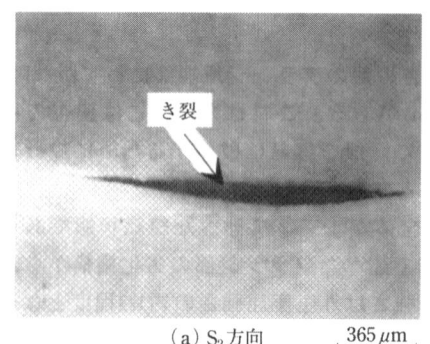

(a) S_2 方向　　365 μm　　(b) S_3 方向　　365 μm

図 4.62 ギンナンの殻のフランジ先端部におけるき裂

ることが難しく，いまだ機械化されていない(現在，**図 4.61**[34] に示すようにギンナンを1個ずつ割るペンチ型の機具は存在し，市販もされている).

ところで，以上述べたような強固なシェル構造の殻を割って，ギンナンはどのようにして発芽するのであろうか．この点に興味をもち，殻の各部を CCD カメラによって詳細に調べてみた．

図 4.63　ギンナンの発芽

図 4.62[28] はその一部で，これより殻フランジ頂端部(図 4.60 にその観察方向を明示)に図示のような細長いき裂のあることがわかった．特に図(b)から明らかなように，そのき裂は殻内側では大きく，外側へいくほど狭い(その値は 0.003～0.009 mm)ものとなっている．ギンナンは，発芽するとき，このき裂をフランジの結合界面に沿って拡大して殻の密封構造を破壊するものと考えられる．つまり，ギンナンは発芽時，膨張する胚乳によって潜在しているフランジ頂端部のき裂を時間をかけてゆっくりと拡大していき，殻の一部を割り，芽を出すものと推察できる．**図 4.63** は，著者らが自然環境条件(金沢市の8月から10月までの3カ月間)で発芽させたギンナンのこのような状態を示している．

(6) ギンナンの力学的特性試験[28]

ギンナンの殻が外力に強く，逆に内側からの力には弱いこと，そしてその材料組織や形状からの定性的理由を既に説明した．また，そのことがギンナンの生命保持の機能に対応していることも述べた．ここでは，そのような内・外強さの差と，それらがおよそどれほどの物理的なオーダなのかを専用の特性試験により明らかにした結果を示す．

まず，同時期に入手したほぼ同じ形状と大きさのギンナンを試料として，図 4.60 で示した座標系での X 軸, Y 軸, Z 軸方向での圧縮試験を通常の材料試験機を利用して行った．その結果は，**図 4.64** に示すものとなった．これより明らかなように，X 軸方向と Y 軸方向の強さ〔その方向での殻の破壊荷重の値で，幾つ

かの値の平均値を $P(\mathrm{N})$ で表示〕がほぼ等しく，Z 軸方向での強さのみが比較的大きいことがわかる．これは，X 軸方向と Y 軸方向に荷重をかける場合，フランジ先端部のき裂がより大きく進展，伝ぱするのに対し，Z 軸方向に荷重を作用すると，き裂はむしろ閉じ，新しいき裂がフランジのないところから発生するためと考えられる．

次に，**図 4.65** に示すような静水圧をギンナンに作用させる装置を用いて，外圧によるギンナンの破壊(座屈破壊)の試験を行った．これは，小さなビニール袋を用いて防水処理したギンナンを圧力容器中に入れ，水圧を増大させてギンナン殻を座屈破壊させるものである．破壊は，ほとんど殻の Z 軸方向先端部の陥没で生じ，それ以後圧力は急激に降下した．なお，用いた試料は次の 4 種類である．

A. 実がある楕円体のギンナン ($a/b \geqq 1.25$)
B. 実がない楕円体のギンナン ($a/b \geqq 1.25$)
C. 実がある球形のギンナン ($a/b < 1.25$)
D. 実がない球形のギンナン ($a/b < 1.25$)

得られた結果は **図 4.66** に示すもので，球形のギンナンの値が楕円体のそれより大きいことがわかる．また，同じ形状の殻の破壊圧力はほぼ等しい．しかしいずれの試料でも，その殻の厚さ t はわずか 0.5 mm 以下であるのに，驚くほど破壊圧力の大きいことがわかる．このことから，ギンナンではその形状や組織が

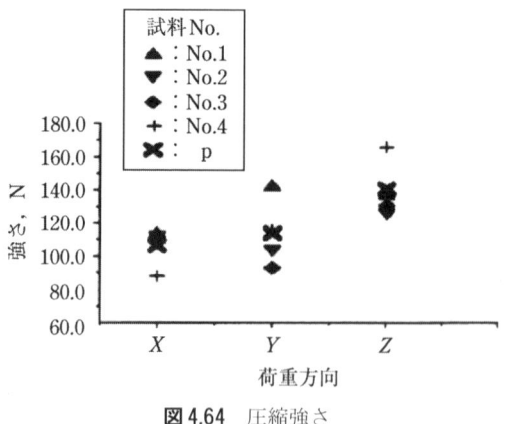

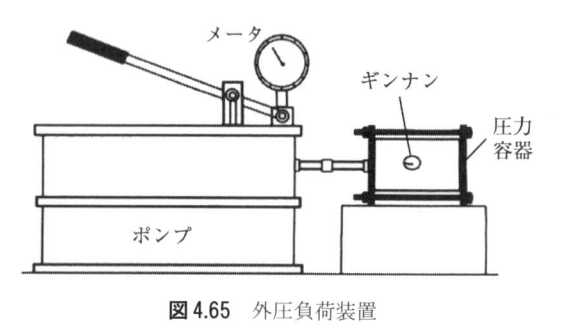

図 4.64 圧縮強さ

図 4.65 外圧負荷装置

4.5 スーパー長寿命な銀杏の秘密　　83

力学的にほぼ最適化されていることが予測される．

さらに，**図4.67**に示すようなギンナンの殻に内圧を作用させる装置を試作し，内圧による破壊試験を行った．本装置は，実を有するギンナンに対し，その実の中心に圧力を作用させ，実を膨張させて殻を割るものである．この方法による破壊はすべて殻のフランジ先端部のき裂の拡大で生じている．なお用いた試料は，実を有する新しいギンナンと古いギンナンである．結果としての破壊強さは，新しい殻の値 (平均 0.882 MPa) が，古い殻の値 (平均 0.777 MPa) より少し大きいが，ほ

図4.66 外圧による破壊荷重

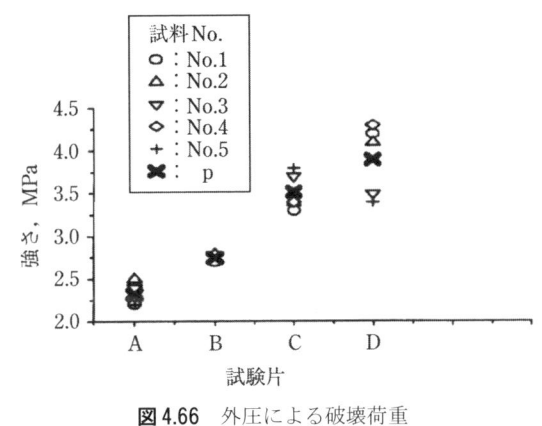

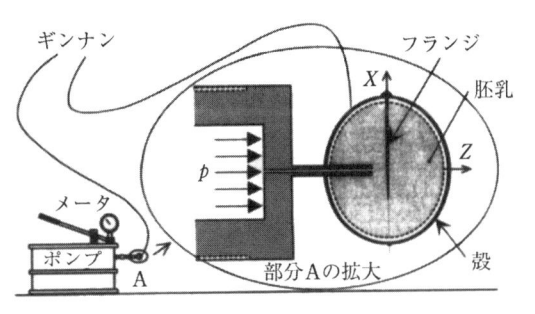

図4.67 内圧負荷装置

とんど一定の範囲(0.7～1.0 MPa)にあることがわかった．しかもこの内圧破壊強さは，図4.66の外圧破壊強さと比較すると，約1/3～1/5と非常に小さく，殻が外圧に強く，内圧に弱いものであることが定量的にも明らかとなった．

（7）イチョウから学ぶ設計論

これまで，イチョウのスーパー長寿命なからくりを種々の観点で述べてきたが，それらをまとめると**表4.16**に示すようになる．これからわかるように，イチョウでは，その葉，幹，根から実(ギンナン)に至るまでの各部分が，多様な方法でその生命の維持や種の繁栄を図っている．これらから，工学的なものづくりの点で学ぶべきものを考えると，まずイチョウ各部で見られる方法からの直接的応用法がある．

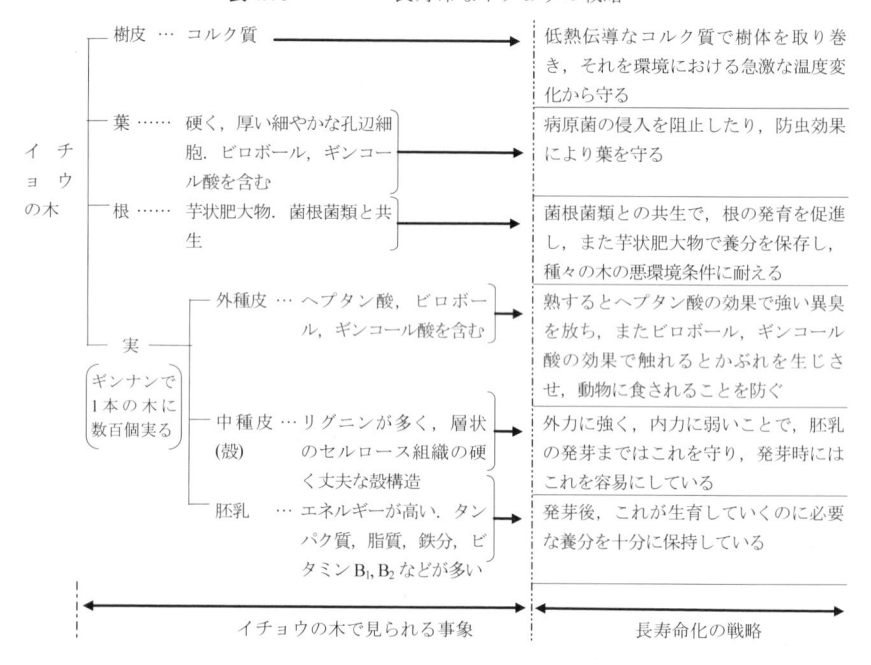

表4.16 スーパー長寿命なイチョウの戦略

		イチョウの木で見られる事象	長寿命化の戦略
イチョウの木	樹皮	コルク質	低熱伝導なコルク質で樹体を取り巻き,それを環境における急激な温度変化から守る
	葉	硬く,厚い細やかな孔辺細胞.ビロボール,ギンコール酸を含む	病原菌の侵入を阻止したり,防虫効果により葉を守る
	根	芋状肥大物.菌根菌類と共生	菌根菌類との共生で,根の発育を促進し,また芋状肥大物で養分を保存し,種々の木の悪環境条件に耐える
	実(ギンナンで1本の木に数百個実る) 外種皮	ヘプタン酸,ビロボール,ギンコール酸を含む	熟するとヘプタン酸の効果で強い異臭を放ち,またビロボール,ギンコール酸の効果で触れるとかぶれを生じさせ,動物に食されることを防ぐ
	中種皮(殻)	リグニンが多く,層状のセルロース組織の硬く丈夫な殻構造	外力に強く,内力に弱いことで,胚乳の発芽まではこれを守り,発芽時にはこれを容易にしている
	胚乳	エネルギーが高い.タンパク質,脂質,鉄分,ビタミンB_1, B_2などが多い	発芽後,これが生育していくのに必要な養分を十分に保持している

　その一つは,その樹体をコルク質の樹皮で囲み,熱の伝導性を低くしている樹幹部での方法がある.この方法は,既に工学上各種の輸送パイプの凍結防止を保温テープなどで巻く方法として利用されているが,イチョウでの樹皮と樹体部の材料構成などをもっと詳細に分析することで,さらに合理的な方法が見出せる可能性が期待できる.

　次に,ギンナンの中種皮(殻)の発芽までの役割についても大いに学ぶべき点があると思われる.それは,リグニンとセルロースの最適な組合せによってかなり長い期間外力に耐えるような構造をつくりながら,一方で,発芽時期には特異な寸法,形状の潜在き裂を用いて殻を内部より手順よく割ることが行われている.このようなあらかじめ進行する時間経過を考えた設計が,単なる一つの殻という構造に対してなされていることには驚嘆せざるを得ない.特に潜在き裂の寸法,形状については,現在の破壊力学をもってしても簡単には規定で

きるものではなく，この殻の構造・材料組成から，われわれは種々の強度設計の概念を学ぶことができるものと思われる．

さて，以上のようなイチョウ各部で見られる仕組みの直接的応用法のみでなく，著者は，むしろ表4.16での戦略のすべてを通したシステムとしてイチョウに学ぶ視点もあると考える．それは，イチョウのスーパー長寿命を可能にしているシステムは，工学というより人間社会におけるある機関，組織(企業など)の存続・繁栄のためのあるべきシステムを示していると考えられるからである．たとえば，イチョウの木自身を一つの企業体，すなわちこれが葉からの CO_2 と根からの養分を入力(原料)として，ギンナンと O_2 を出力(生産品)とする企業体と考えるわけである．つまり，効率よく CO_2 と養分を取る方法として，まずその葉の面積を広くし，しかも厚く，丈夫で害虫に犯されないよう防虫処理までしていること，また効率よく土壌より養分を取る方法として，その根を菌根菌類と共生して繁茂させる工夫などは，実に見事な方法といえる．さらに，本体自身が自然界の荒波(企業体では景気の変動など)を受けることに対し，樹体をコルク質の樹皮で守り(企業体では種々の危機管理を行っておくことなど)，さらなる大きな危機に対しては，根の芋状肥大物(企業体では預貯金などの貯え)を活用できるようにしていることも大変理にかなった方法といえる．そして，イチョウの世代交代による繁栄の鍵を握っているギンナンについては，これは単なる生産品と考えるより，企業体を支える人材(社員など)と考えた方がよいかもしれない．つまり，これの育成がその企業体の真の存続と繁栄に直接的に関わるわけである．したがって，表4.16に見たように，ギンナンが1本の木でも毎年数百個も結実する(**図4.68**参照)[34]という多産系植物であることや，それらが動物に食されにくく，一方で発芽

図4.68 ギンナンの生育状況

しやすいことなどは，優秀な社員を常に多く有し，多くの支社，協力企業などを増し続ける組織体としてイチョウをみなすことができる．このような見方を基本として，イチョウの各部をさらに詳細に分析すれば，ここで示した以外の興味ある幾つかの事象を引き出すことができるものと思われる．

参考文献

1) 尾田十八：「竹材の力学的構造と形態」，日本機械学会編文集，46, 409 (1980) pp.997-1006.
2) 尾田十八：「柔剛合わせもつ竹にヒントを得る」，科学朝日，47, 6 (1987) pp.34-37.
3) 尾田十八：「竹の強度と形態」，バイオメカニズム，工業調査会 (1987) pp.157-167.
4) 尾田十八：「生物と機械の強度と形態」，生物と機械，共立出版 (1992) pp.29-50.
5) 上田弘一郎：竹の観賞と栽培，北隆館 (1976).
6) 宇野昌一：竹材の性質とその利用，地球出版 (1948).
7) 日本機械学会編：生物と機械，共立出版 (1992).
8) 尾田十八：形と強さの秘密—テクノライフ選書，オーム社 (1997).
9) J. Oda : "Minimum Weight Design Problems of Fiber-Reinforced Beam Subjected to Unifor Bending", Trans. ASME, Ser. R., 107, 1 (1985) pp.88-93.
10) G. C. Sih (editor) : Dynamic Crack Propagation, Noordhoff International Pub. (1973).
11) R. Burton : Egg (吉行瑞子監訳：卵，いろいろ), 評論社 (1994).
12) 今井忠平・南羽悦悟：卵の知識，幸書房 (1995).
13) J. H. Becking : The IBIS, 117, 2 (1975) p.143.
14) 尾田十八・酒井　忍・剣持　悟：「卵殻の構造・組織の力学的評価」，日本機械学会論文集，63, 606 (1997) pp.219-224.
15) 山口梅太郎・西松裕一：「岩石力学入門」第2版，東京大学出版会 (1977).
16) 平井信二：木の辞典，かなえ書房 (1980).
17) 尾田十八・李　鵬：「桐，黄楊の材料組織分析と力学的特性評価」，第29回複合材料シンポジュウム講演要旨集 (2004-10) pp.203-204.
18) P. Li and J. Oda : "Flame Reterdancy of Paulownia Wood and its Mechanism", J. Material Science, 40, 20 (2007) pp.8544-8550.
19) 荻野アンナ：「村上の鮭と牛に酔い，新潟の底力を思い知る」，うまさぎっしり新潟 (2009-9).
20) 原田寿朗：森林総合研究所研究報告，378 (2000) p.1.
21) 島津　晃・浅田莞爾 編：バイオメカニクスよりみた整形外科，金原出版 (1998).
22) 小笠原　昌：クマゲラの世界，秋田魁新報社 (1998).
23) R. Philip and A. May : THE LANCET (1976-2) pp.454-455.
24) T. Aida : Study of Human Head Impact (2000-5) pp.12-13.
25) 尾田十八・坂本二郎・坂野憲一：「キツツキの骨格構造・組織の力学的評価と耐衝撃システムについて」，日本機械学会論文集，71, 701 (2005) pp.89-94.
26) 北出浩平・尾田十八・森川陽介：「キツツキのドラミング機能とその力学的考察」，日本機械学会北陸信越支部総会講演会 (2009-3) pp.459-460.
27) 多田多恵子：したたかな植物たち，SCC (2002).
28) 尾田十八・劉　志明・新宅救徳：「銀杏の殻の構造・組織とその力学的評価」，日本機械学会論文集，64, 624 (1998) pp.2217-2222.

29) E. M. Gifford and A. Foster : Morphology and Evolution of Vascular Plants (維管束植物の形態と進化, 長谷部光泰ほか監訳), 文一統合出版 (2002).
30) 佐藤康成：ギンナン (栽培から加工・売り方まで), 農村漁村文化協会 (1996).
31) http://ja.wikipedia.org
32) 大野泰雄：「高分子物質精製と化学反応」, 高分子実験講座(12), 共立出版社 (1958).
33) 浅野猪久夫：木材の事典, 朝倉書店 (1982).
34) http://www.sansaiya.com/kinomi/ginnan/ginnan.html

5. 生物のものづくりの特徴

5.1 ものづくりにおける普遍的特徴

4章では，竹，卵，桐，キツツキ，銀杏を対象として，主として力学的な視点から，これらの構造・組織などについての特徴を明らかにした．そしてそれらの特徴から，われわれが工学的な設計論の立場として何を学ぶべきかも指摘した．ここで，改めてそれらを要約して記述すると，次のとおりである．

（1）竹から学ぶ設計論

竹では，そのある一部分の形状や組織が，ただ一つの目的のために存在しているのではなく，種々の用途を満たしている．たとえば，節部は曲げ座屈を防ぐスティフナであり，真稈部で発生する割れ目を止めるクラックアレスタの役目もある．また，枝がこの部分のみから生じていることから，光合成を行う重要なエネルギーの補給基地でもある．一方，このことから逆に，竹では，ある目的を達成するために幾つもの方法によって最適化がなされているともいえる．

（2）卵殻から学ぶ設計論

卵殻は，その内部に宿る小さな生命を一定期間守るという機能と，それが終了した時点で雛を外へ出すために容易に壊れなければならないという一見相反するような機能を有している．特に後者の機能は，あらかじめ目的とする前者の機能が終了した時点で必要となるもので，このようなことを考えた設計がなされていることには驚かされる．そして，これらの機能を炭酸カルシウム主体の結晶からなる卵殻と糖タンパク質からなる卵殻膜の組合せで可能にしている．つまり，互いに超脆性と超延性を示す材料のアーチ形をした外・内層状組合せ方式が，外部負荷には強く，内部負荷に弱い構造をつくっているのである．このことから，自然界(生物)における材料の組合せ(複合化)が，一見単純でありながら，その奥の深いものであることがわかる．

（3）桐から学ぶ設計論

桐は，その導管・師管部を除いた基地組織自身が，杉などの他の木材に比較

してリグニン成分が少ないことから不燃性を示す．それにも増して，それを構成している材料組織中での導管部の大きさや配置が特異である．つまり，それらは径が大きく長さが短い．しかも互いに連続せず，ほぼ独立に存在しているため，高温時での可燃性混合気相の流通が悪く，発火に必要な濃度となりにくい．このことが，桐の難燃性の理由と考えられる．しかも，この材料は空隙率が82％と木材の中でもきわめて軽量である．この軽量であるにもかかわらず難燃性であることが桐の一大特徴といえる．

（4）キツツキから学ぶ設計論

木にそのくちばしを繰り返し打ちつける力学的に過酷な行動としてのドラミングを行うキツツキは，この鳥特有の耐衝撃システムを有している．たとえば，くちばしを含む頭部の特異な骨形状は，そのドラミングによって発生した衝撃応力波を分散低下させ，その大部分を下顎を通して首へと逃がしている．この首へ伝ぱした応力波は，その部分の太い筋肉と，さらに特異な指をもつ2足，羽軸が硬い尾羽の3点支持によって木へと分散伝ぱしていく．これ以外にも頭蓋骨内部での海綿骨部の存在，これらを巻く巨大な舌骨など，さらにドラミングのサイクル数やドラミング時の姿勢なども含め，考えられるあらゆる方法を用いて耐衝撃システムがつくられているようである．

ただし，キツツキの本来の目的は立派な耐衝撃システムを構築することではないはずであるから，くちばし，舌骨，足，指，尾羽などは，むしろ生命維持のために最適化されていると考えられる．このことから，キツツキではその行動を含め，構造・組織のすべてが多目的・多機能になっていると思われる．

（5）銀杏から学ぶ設計論

イチョウは，「生きた化石」といわれるほど古くから地球上に広く繁茂してきた植物である．もちろん，一世代での寿命も1 000年を超えるものも珍しくなく，いわゆるその世代内・外を問わずスーパー長寿命な種といえる．この長寿命性が何によるものであるかを詳細に分析すると，その葉，幹，根から実(ギンナン)に至るまで，実に多様な方法でその生命の維持や種の保守・繁栄を図っている．

これらの工夫のうち，たとえばコルク質で樹幹表面を囲っている方法は，工業的には各種溶液の輸送管における熱的保護方法としてただちに応用できる．また，ギンナンの中種皮がリグニンとセルロースの巧みな多層構造で，胚乳が

成長するまでそれを保護し，初芽時には容易に割れるように潜在き裂をつくって強さと壊れやすさを兼ね備える方法は，FRPシェル構造の高度な強度設計上の知見をわれわれに直接的に与えてくれる．

ただし，以上の点にも増してイチョウから学ぶべき重要な点は，各種の巨大構造物やシステム(原子力発電所など)の安全あるいは信頼性設計上の指針であろう．それは，イチョウを一つの構造物やシステムとみなすとき，その機能を維持する方法(イチョウでの長寿命化の方法)が実に多様で，しかもそれらが時間的・空間的に無駄なく自然環境の変化に対応・調和して行われている点に驚きを感ずる．

以上五つの生物を力学的に分析した結果，われわれは個々の生物特有の特徴(具体的な設計技法)とすべての生物に共通した普遍的特徴(ものづくりの一般論)とを引き出すことができる．前者については，既に4章の各生物事例の分析結果を述べた節でかなり明確に示しているので，ここでは後者の特徴についてもう少し明確に示そう．そして，それは次のようなものであると考えられる．

① 生物は基本的に環境変化に適応する機能を有している

竹が自然の外力(主として曲げモーメント)に対応してその根本部ほど太く，節間隔も短いこと，またイチョウでの外部温度変化に対応したコルク質の樹皮組織，さらにキツツキの舌骨や足の指の動きが，その餌の捕獲を与えられた環境下で容易なものとなるようにしていることから，このことがいえる．

② 生物におけるすべての組織や形状は，一般に多目的・多機能につくられている

竹の節部やキツツキの舌骨などの役割から，このことがいえる．

③ 生物は与えられた環境下で省資源・省エネ的システムとなっている

竹の真稈部での強化繊維の分布，ギンナン中種皮の形状，組織が，最小の量の材料で最大の強度，剛性を示すものとなっていることなどから，このことがいえる．

④ 生物では，その構造の形態を変化させたり，材料組織の特性やその量を変化させることで特異な機能が創成されている

竹は上方部へ行くほど細くなり，これによるしなりで外力を逃している．また木材では，その細胞壁の厚さや成分で，その巨視的な強さが支配されている

ことから，このことがいえる．

⑤ 生物においては，異種材料同士の組合せ，材料と形状の組合せ，材料・形状・動作（行動）の組合せなど，考えられるあらゆる複合化法によって特異な機能が創成されている

竹，卵殻，桐，銀杏などの材料構成はもちろん，キツツキにおけるくちばし・頭部の形状・組織・行動などより，このことがいえる．

⑥ 生物，特に動物においては，その組織・形態などは目的とする機能が終了したときのことを考えてつくられている

卵の殻は，雛が成長した後は，むしろ不必要なもので壊れやすくなっていること，またギンナンの殻は，内部の胚乳が成育するまではこれを保護し，初芽

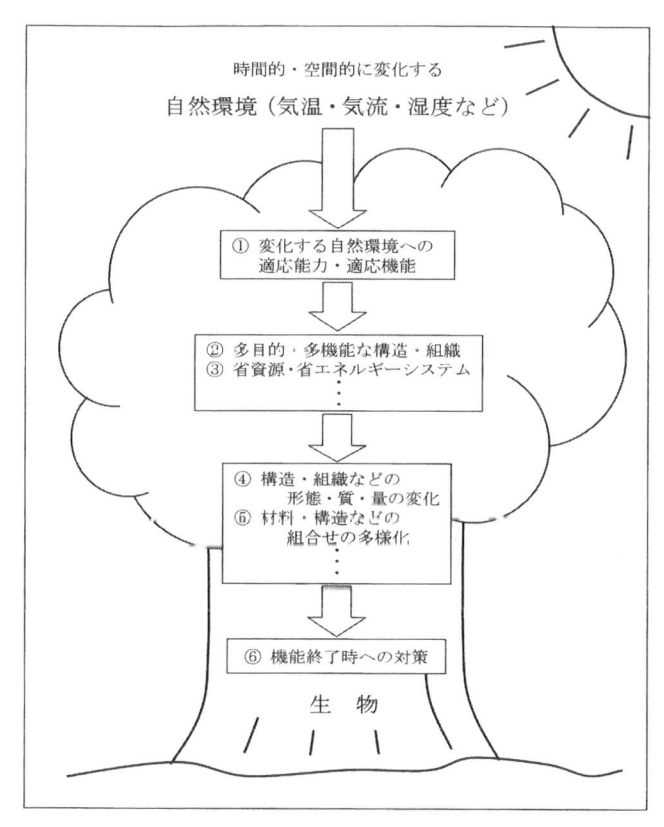

図 5.1 生物におけるものづくりの特徴

時には容易にそれが割れるようになっていることなどから，このことがいえる．

以上のほかにも，生物に関連した特徴(ものづくりの一般論)が多く存在すると考えられる．ただし，ここで示したものは，おそらくそれらの中でも重要なものといえる．その理由は，これらの特徴間には**図5.1**に示すように互いに必然的な関連性があると考えられるからである．

生物が存在する自然環境は時間的(何十億年にもわたる)にも，空間的(地球上のみでなく，地中，海中を含む)にも常に変化しており，これに対応してそれらの生命を維持し，子孫を繁栄させるには，この変化する環境に巧みに適応する機能や能力を有することが必然である．

上記の①はそのことを示しており，そのための基本的な設計原理として②，③がある．つまり，多様な環境変化に適応するには生物自身の側が多目的・多機能な構造・組織であることが必要で，しかも，それが省資源・省エネルギー的になされていることが望ましい．そして，さらに②，③の点を実現している方法として④，⑤，また生物個体としての機能終了⑥が考えられる．

したがって，次節以降ではこれらの①～⑥の内容を先の五つの生物に限定せずに説明し，かつその工学上の利点についても述べたい．

5.2 自然環境への適応能力・適応機能

(1) 適応方法

生物がその変化する環境に適応する方法には，**表5.1**に示すように種々の方法がある．まず最も基本的な方法は，幾世代にもわたって環境に適応するもののみが残るという，いわゆる進化による方法があらゆる生物において行われている．その生物内のメカニズムも，細胞内の遺伝物質であるDNAの交差や突然変異に基づいていることが既にわかっている．

一方，1個の生物のその生命持続期間内，つまり1世代内での方法としては，動物，植物はもちろん，それぞれの種によって表5.1に示すように多様な方法が複雑な環境変化に対応して用いられている．これらを選択実行するメカニズムとしては，特に高等な動物において，神経系と内分泌系という二つの器官系による情報伝達機能(**表5.2**参照)とそれらを統合し，固体全体の行動を決める知的な方法が用いられている[1]．

表5.1 生物の適応方法

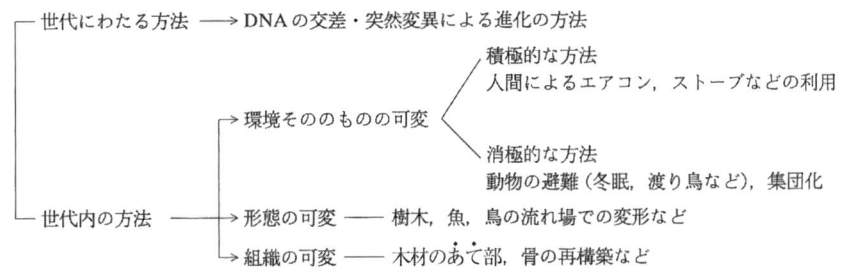

```
            ┌ 世代にわたる方法 ──→ DNAの交叉・突然変異による進化の方法
            │
            │                          ┌ 積極的な方法
            │                          │   人間によるエアコン，ストーブなどの利用
            │         →環境そのものの可変┤
            │                          │ 消極的な方法
            │                          └   動物の避難（冬眠，渡り鳥など），集団化
            └ 世代内の方法 ─→ 形態の可変 ── 樹木，魚，鳥の流れ場での変形など
                         └→ 組織の可変 ── 木材のあて部，骨の再構築など
```

表5.2 生体の2大制御情報システム[1]

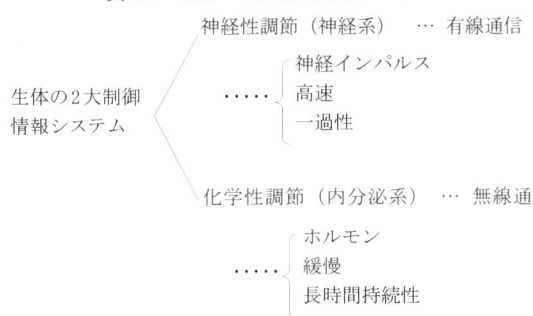

```
                    ┌ 神経性調節（神経系）  … 有線通信
                    │        ┌ 神経インパルス
                    │  ……  │ 高速
生体の2大制御       │        └ 一過性
情報システム        │
                    │ 化学性調節（内分泌系） … 無線通
                    │        ┌ ホルモン
                    └  ……  │ 緩慢
                             └ 長時間持続性
```

ここで，神経系と内分泌系について少し説明すると，前者は脳の神経細胞によるインパルスによって情報伝達を行うもので，高速で同時に多数のサブシステムの制御が可能であるが，一過性のものである．これに対して，後者はホルモンによって情報伝達が行われる化学的制御であるため，その速度は遅いが，効果は長期的に持続する特徴を有している．生物においては，その個々の状況下で，これらが単独で用いられたり，また組み合わされて用いられる場合もある．

次に，内分泌系のみを用いて組織可変を行っている環境適応例を紹介したい．

（2）木材あて部の適応挙動[2]

図5.2に示すように，斜面で生長した木(特に，巨木)は，生長の初期には斜面とほぼ垂直に，その後，太陽に向って上方へ伸びる(光屈性)ので，曲がりの部分ができる．この部分は，一般に組織的に異状なものとなっており，これをあ

て部と呼んでいる．あて部は，平地で生長しても，何らかの原因で傾斜した木の幹や枝などにおいても見られる．そして，このあて部を有する樹木から製材された柱などは，その部分で寸法の狂いや強さの低下があり，木材の利用上，古くから重大な問題となっている(あての言葉の由来は，建築をしている大工たちが，このあて部を含む木などに出会ったとき，悪い木に当たった，当てたということからきているとの説もある．一方，外国ではこのあて部をreaction woodという)．

ところが，人間から忌み嫌われているあて部が，実はきわめて巧妙な自己修復化機構の所産であり，木材の生物たるゆえんを示すものであることがわかっている．ところで，図5.2に示すように，この部分は力学的に大きな曲げモーメントを受けている．この曲げモーメントが当初，材料組織や形状の異状となる主原因と考えられていた．ただし，正確にはそうではない．そのメカニズムについては後述するとして，まずあて部の詳細を示す[3)]．

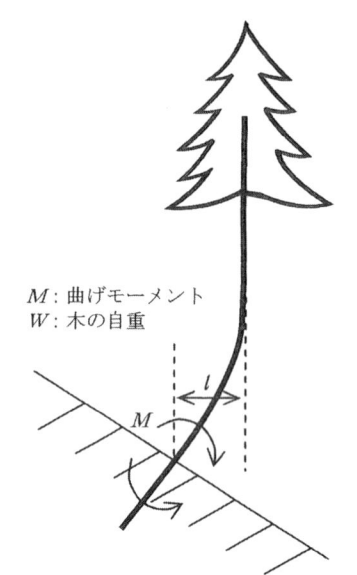

あて部は，針葉樹(松，杉など)でも，広葉樹(桜，樫など)でも生ずるが，その生ずる位置は異なる．図5.3の上段はそれを示すものである．

M：曲げモーメント
W：木の自重

図5.2 木材のあて部とその力学的条件($M = Wl$)

図5.3 あて材とその形成部分

針葉樹では傾斜した幹や枝の下側，すなわち力学的には圧縮側にでき，一方，広葉樹では反対に傾斜した幹や枝の上側，すなわち引張り側にできる．したがって，前者は圧縮あて材 (compression wood)，後者は引張りあて材 (tension wood) と呼ばれる．このように，針葉樹と広葉樹であて材のできる位置がなぜ異なるのかの正確な理由は，現在のところまだよくわかっていない．ただ，針葉樹ではこの部分が軸方向に伸長し，一方，広葉樹では軸方向に収縮することによって，いずれも木に屈曲を起こさせ，幹や枝の傾きを正常化させる働きをしている．つまり，あて部は，その木が斜面で成長しなければならないという与えられた苛酷な環境に対する，その木自身を守る能動的生理作用の結果生ずるものであることがわかる．この点は，あて部ができる巨木と人工物との大きな相違点であろう．

たとえば，あの有名なイタリアのピサの斜塔は1173年に起工されたもので，高さ55 m，直径17 mの8層楼の美しい塔であるが，建設中から地盤が弛み，その自重によって現在でもわずかずつ傾斜しているという．そして，これがもう倒壊の限界にきているが，完全に修復することは不可能に近いといわれている．このように，人工の構造物においても，その建築される環境に対応してその姿勢制御が可能となることは，これらに携わる技術者たちの夢でもある．

ところで，針葉樹と広葉樹とであて材の生ずる位置の異なることを述べたが，実はその材料組織も大きく異なっているのである．図5.3の下段は，圧縮あて材，引張りあて材の切り口断面を模式的に示したものであるが，前者では異状成長部が濃暗褐色，また後者では銀白色を示している．これは，**表5.3**に示すように，それらの部分の材料組織がきわめて対照的なものであることによる．つまり，

表5.3 あて材の化学成分と組織

あて材	発生樹木	色	成分	備考
圧縮あて材	針葉樹	暗色	リグニン (40%程度，正常材ならば25〜30%)	正常材のリグニンに比べ，炭素－炭素結合が著しく多く，より強固な結合様式
引張りあて材	広葉樹	銀白色	セルロース (結晶状態のゼラチン層)	正常材に比べ1.5〜2倍程度のセルロースを含有している

木材繊維の細胞壁 ┬ セルロース・ミクロフィブリル―鉄筋の役目 (引張りに強い)
　　　　　　　　└ リグニン―セメントの役目 (圧縮に強い)

圧縮あて材は圧縮に強いリグニンを正常材のそれよりかなり多く含んでおり，引張りあて材は，引張りに強いセルロースを正常材のそれより1.5～2倍も多く含有しているのである．そのため，木材の細胞組織構成を鉄筋コンクリートやFRP材でたとえるならば，その引張強さに強い鉄筋や強化繊維に相当するものがセルロースミクロフィブリルであり，圧縮強さに強いセメントやマトリックス組織に対応するものがリグニンであることから，引張り，圧縮あて部の材料構成は，その与えられた力学的条件にきわめて適応しているとみることができる．わかりやすくいえば，圧縮および引張りあて材は，**図5.4**に示すように，その木の形状不正により生ずる圧縮応力部に，たとえばコンクリートで，一方，引張応力部にはロープを張って補強し，しかもそれら補強材自身の特性や量までも自分自身でコントロールすることによって，その形状不正を修正しているとみることができる．このような力学的に理に適った巧妙な方法が生物自身において行われていることは，実に驚くべきものである．

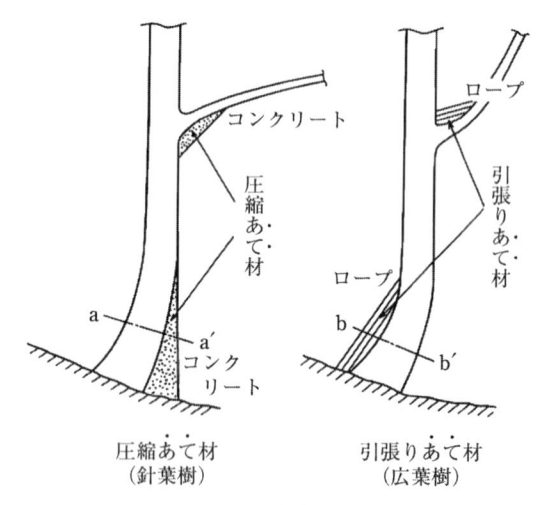

図5.4 圧縮，引張りあて材の意味するもの

それでは，次にあて材形成のメカニズムに触れたい．ワードロップはこれに関しておもしろい実験を行っている[4]．**図5.5**は，それを示したものである．つまり，あて部を形成する若木をループ状に丸め，しばらく放置した後，ループ内のあて部形成を調べたものである．図5.5より針葉樹Gの場合，あて部はもち

5.2 自然環境への適応能力・適応機能　97

CW：圧縮あて材，TW：引張りあて材

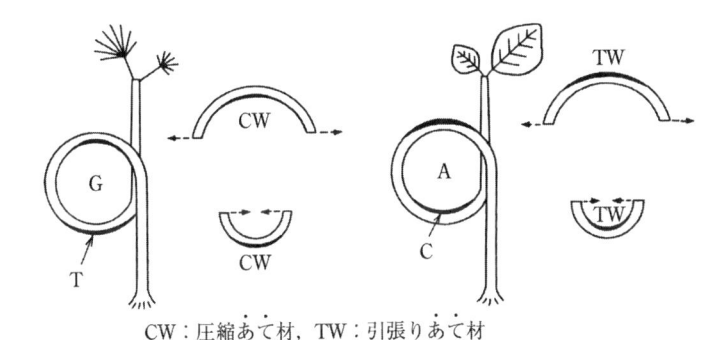

図 5.5　人工的に形成されたあて材（矢印はループ切断後に働く力の方向）

ろん圧縮応力部に生じているが，図中のT部のような引張応力部においても形成されたのである．一方，広葉樹Aでは，あて部はもちろん引張応力部で生じているが，図中のC部のような圧縮応力部においても形成された．このことは，あて部は，圧縮応力部や引張応力部との条件には関係なく，針葉樹では常に幹や枝の下側において，また広葉樹ではそれらの上側において形成されることを意味している．

つまり，あて部は木に作用している力の条件から直接的に決まる応力分布状態に対応して形成されるのではなく，<u>重力場に対応したものである</u>ことが明らかである．そして，なぜこのような現象が生ずるのかについては，木材における成長姿勢に対応した重力場の変動による形成層内の成長ホルモン（オーキシンやアンティオーキシン）分布のバランス状況と説明されている．事実，圧縮あて部の形成層でのオーキシンレベルは異常に高く，逆に引張りあて部の形成層のそれは異常に低い．

このように，巨木では，その姿勢が変化すると，それに対応して成長ホルモンが移動し，さらにこれによってリグニンやセルロースが増産されることになる．このことにより，その部分に生ずる圧縮や引張りの応力分布と強度的対応を示し，かつ木自身の姿勢も正すこととなっていることがわかる．これは，5.2（1）項で述べた内分泌系による環境適応そのものといえる．そして，このように木が重力場を感知し，しかもそのことから生ずる形態形成や組織の改変過程が，結果として実に力学的に理に適ったものとなっていることは驚嘆に値するもの

98   5. 生物のものづくりの特徴

といえる．

（3）骨の適応機構[2]

人工衛星で数週間宇宙を旅した宇宙飛行士は，地上に帰還すると正常な歩行はもちろん，立つことすら難しいといわれている．これは，重力場から離れると，生体の筋肉および骨格構造としての骨生長が大きなダメージを受けることを意味している．特に，骨がその形成，再構築に力学的刺激と大きく関係していることは，1892年の wolff の骨の変形法則[5]の提示以来，これまで多くの研究者によって実験的に明らかにされている．また，その理論的な再構築のメカニズムについても，近年の細胞生物学や分子生物学の急速な進歩により次々と新しい事実が発見され解明されつつある．そこで，ここではその結果としての骨再構築のメカニズムを示そう．それは，次のような過程を経るといわれている(**図5.6**参照)[6]．

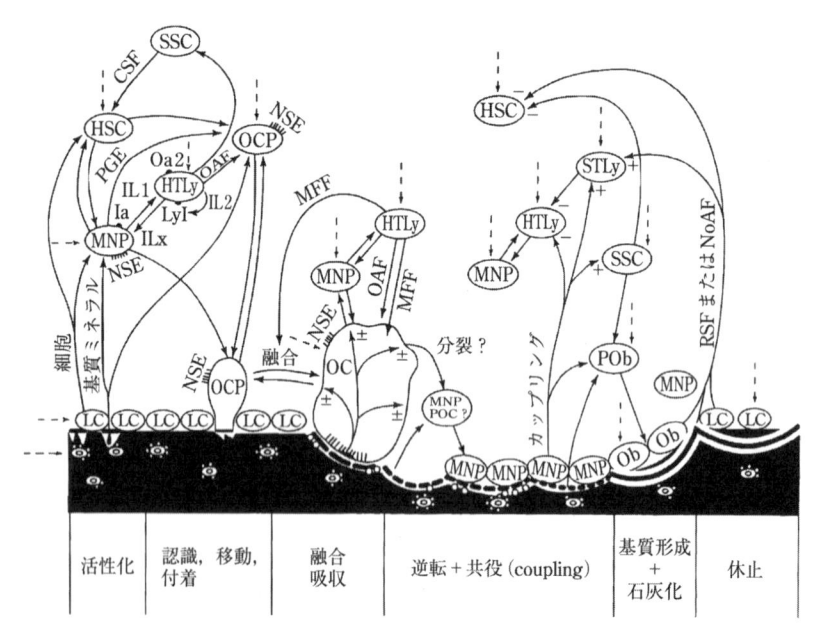

O, LC：骨細胞，OCP：前破骨細胞，MNP：単核性食細胞，HSC：造血性幹細胞，
SSC：間質系幹細胞，HTLy, STLy：リンパ球，OC：破骨細胞，POC：後破骨細胞，
POb：前骨芽細胞，Ob：骨芽細胞

図5.6 骨の再構築過程における関連細胞群の挙動[6]

① 活性化(activation)

骨内膜休止面で，骨基質タンパクの構造的変化，細胞外液のイオン濃度の変化，あるいは骨内膜細胞の表面電荷の変化が生ずると，これを骨髄液中の細胞が感知し，破骨細胞の前駆細胞を分化させる．この前破骨細胞(OCP：osteoclast precursors)は，再構築の場所に移動し，骨表面に付着する．

② 吸　収(resorption)

単核の前破骨細胞が骨表面に付着し，これが骨を吸収すると，多核の破骨細胞(OC：osteoclasts)になる．これによりさらに骨吸収が増大し，核の数が最多に達すると，核は消滅し分裂が起こる．

③ 逆　転(reversal)

活性，吸収が終了すると，破骨細胞は近くの部位へ移り，その後，骨の表面に単核性食細胞(後破骨細胞 POC：postosteoclasts)が出現する．これらは，吸収のあった骨表面に付着し，破骨細胞の働きで残った廃物の吸収と，セメント線の成分合成を行う．骨吸収面がセメント線の成分で包まれると，後破骨細胞は骨表面から離れ，幼若な骨芽細胞(Ob：osteoblasts)と入れ替わる．

④ 形　成(formation)

骨芽細胞は類骨を形成し，その後，数日の時間のずれがあって石灰化が起こる．骨芽細胞の一部は，骨基質中に包まれて骨細胞(O：osteocytes)となる．そのほかは骨表面に残り，扁平な表面細胞(LC：lining cells)となる．

以上のように，骨の再構築機構は，細胞レベルではかなり詳細に解明されている．その基本は破骨細胞と骨芽細胞のバランスで決まり，それらに影響を与えているものが骨基質タンパクの構造変化，細胞外液のイオン濃度変化，骨内膜細胞の表面電荷の変化などである．しかし，これらと力学的刺激との因果関係についてはいまだ不明の点が多い．

さて，(2)項と(3)項で植物(巨木)と動物(骨)についての環境適応機構の例について述べた．これらからいずれにも共通する事項が認められる．それは，生物においては，環境変化を感知するシステム(センシングシステム)がどこかに必ず存在することと，その変化の情報がそれに対応した対策を司る細胞へ伝達されること(伝達システム)，そしてその結果，巨木ではオーキシンやアンティオーキシンとしての成長ホルモン量の加減，また骨では破骨細胞や骨芽細胞の活

動バランス行動(行動システム)が行われていることがわかる．以上の例のような内分泌系を中心としたシステムでは，センシングシステムから行動システムまでを統括管理する知的システム(高等動物では脳の機能)は不必要なようであるが，神経系を用いるものでは必ずそれを伴うと考えられる．このようにみると，生物は，一般機械の制御システムを神経系と内分泌系という二つの特徴あるシステムで行い，しかも細胞というセンシング，伝達，行動のいずれも行う万能機能の厖大な要素集合でつくられている機械とみることができるようである．

5.3 多目的・多機能な構造・組織

（1）竹の多目的・多機能性

時間的にも空間的にも複雑に変化する自然環境の中で生きていかなければならない生物にとって，まず環境に適応する能力は不可欠である．このことは，

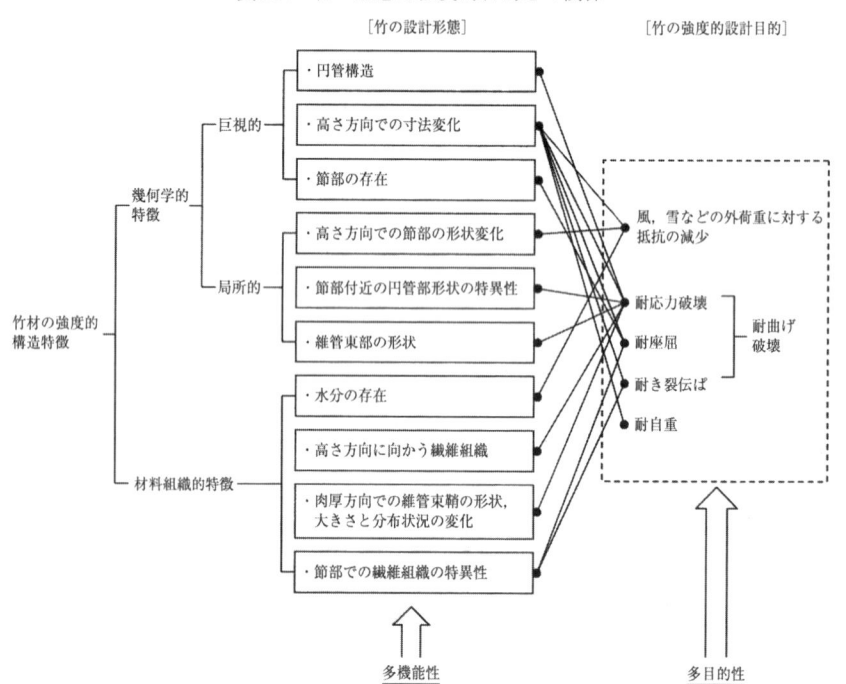

表5.4 竹の形態と強度的目的との関係

[竹の設計形態]

竹材の強度的構造特徴
- 幾何学的特徴
  - 巨視的
    - ・円管構造
    - ・高さ方向での寸法変化
    - ・節部の存在
  - 局所的
    - ・高さ方向での節部の形状変化
    - ・節部付近の円管部形状の特異性
    - ・維管束部の形状
- 材料組織的特徴
  - ・水分の存在
  - ・高さ方向に向かう繊維組織
  - ・肉厚方向での維管束鞘の形状，大きさと分布状況の変化
  - ・節部での繊維組織の特異性

[竹の強度的設計目的]

- 風，雪などの外荷重に対する抵抗の減少
- 耐応力破壊
- 耐座屈   ┓ 耐曲げ
- 耐き裂伝ぱ ┛ 破壊
- 耐自重

↑ 多機能性　　↑ 多目的性

5.2節で巨木のあてや骨の再構築システムを例に説明した．これらからもわかるように，生物ではその1世代内での環境適応事象は，基本的な構造形態や，材料組織を変化させるのではなく，問題となる一部分の形状・組織のみを変更する方法を用いている．いい換えれば，その程度の微小修正で過酷な環境変化に適応できていることは，もともとあらゆる生物の構造や組織の基本的な部分は長い世代進化の結果，それらの生息環境に適応したものとなっていることを意味している．たとえば，4.1節で説明した竹の構造・組織分析では，結論として，**表5.4**(4.1節の表4.2に対応)のようなことがいえた．つまり，これは竹を工業的な設計対象物とみなし，その形態・組織と強度的な設計目的とがどのような関係にあるかを示したものであるが，幾つかの強度的設計目的(多目的なもの)に対応して，その形態・組織のあらゆる部分が力学的に理に適ったもの(多機能なもの)となっていることがわかる．このことをもう少し詳細に分析してみよう．

竹がその自重や，雨，雪などの自然外力によって，その生長方向に荷重Wを受ける場合〔**図5.7**(a)，ここでは，竹をまず中実丸棒と仮定している〕，必要な断面積Aは，竹材の許容応力をσ_aとしたとき，

$$\sigma = \frac{W}{A}, \qquad \sigma \leqq \sigma_a \tag{5.1}$$

より，

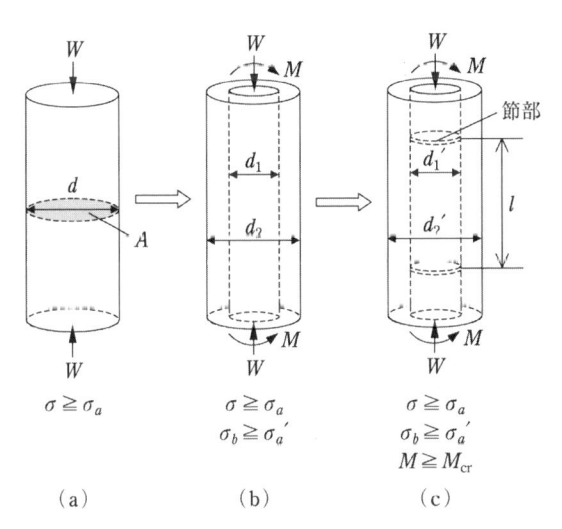

図5.7 竹の力学的条件変化と形態

$$A \geqq \frac{W}{\sigma_a} \tag{5.2}$$

つまり，A は基本的には，W/σ_a だけあればよい．ところが，自然外力でも風を伴うと，竹には大きな曲げモーメント M が作用する．この場合，当然 M による曲げ応力 σ_b も生じ，その最大値は表面の値で，

$$\sigma_{b\max} = \frac{M}{Z} \tag{5.3}$$

ここで，Z は断面係数と呼ばれるが，その値は中実丸棒と円管の場合，次式で示される．

直径 d の丸棒の場合：$\dfrac{\pi d^3}{32}$，

内径 d_1，外径 d_2 の円管の場合：$\dfrac{\pi (d_2^4 - d_1^4)}{32 d^2}$ (5.4)

そこで，先の式(5.2)の断面積を維持したままで(その重量を一定としたままでと考えてよい)，それに耐えるためには，その断面係数 Z を大きくするために，竹は中実から中空の円管構造へと変化することがよい方法となる〔図5.7(b)参照〕．ところで，曲げモーメントを受ける円管構造では，以上で述べた発生応力による破壊のみでなく，構造全体の安定性を評価する必要もある．つまり，曲げ座屈を防止しなければならない．これについては，竹を無限長の円管と考えると，次式で示すようにその円管の径 R と肉厚 t が大きく影響してくる[7]．

$$M \geqq M_{cr}, \quad M_{cr} = CRt^2 \tag{5.5}$$

ここで，M_{cr} は座屈の限界曲げモーメントであり，

$$R = \frac{(d_2 + d_1)}{2}, \quad t = \frac{(d_2 - d_1)}{2} \tag{5.6}$$

また，C は竹材のヤング率とポアソン比の関数であるが，全域一定と考えれば定数と考えてよい．したがって，竹が重量一定の条件のもと，先の W や M による応力破壊にも対応しつつ，この座屈対策として力学的に最もよい方法は，その長さを有限とする方法として必要な部分に節部を配置することが考えられる〔図5.7(c)参照〕．

以上，竹の基本的構造形態がいかに種々の力学的条件に対応したものとなっ

ているか,つまり多機能につくられているかがわかる.なおここでは触れなかったが,竹材ではその許容応力 σ_a は全域一様ではない.つまり,σ_b のような発生応力の高い外周部ほど材料強度が高く,内周部ではそれが低くなっており,その制御を強化繊維とみなされる維管束鞘の分布で行っているのである(5.4節参照).このように,竹では構造形態,材料組織すべてが多機能性を示している.しかもここで述べたことは,単に力学的視点での話しのみであるから,竹の真の多目的・多機能性はまさに超を付けてもまだ不十分といえるほど複雑なものと考えられる.

(2) 手の多目的・多機能性

生物の多目的・多機能性に注目するとき,植物については,先の竹の構造・組織に見られるように自然環境との関連性がきわめて強い.しかし,動物,特に高等動物では,その多目的・多機能性は自然環境との関連性を基本としつつも,それらの行動との関連性が強くなる.つまり,基本的には脳の情報処理活動の一環として現れるものが多い.その典型的な例として,人間の手の機能に注目してみよう.動物の器官や系において,これほど多目的・多機能なものはほかになく,したがって,これまでもロボット開発の基本はこれらの機能をいかに真似るか,いかにそれらに近づくかに努力が払われてきた.

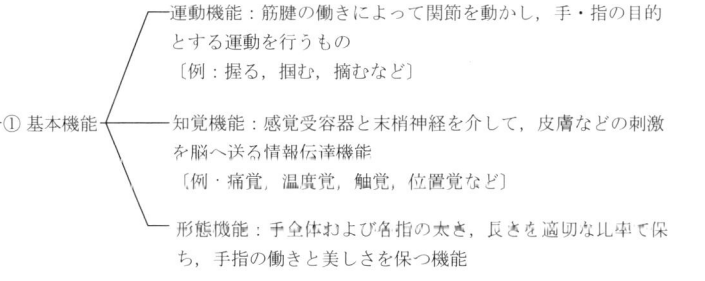

表5.5 手の機能分類[8]

手の機能
- ① 基本機能
  - 運動機能:筋腱の働きによって関節を動かし,手・指の目的とする運動を行うもの
    〔例:握る,掴む,摘むなど〕
  - 知覚機能:感覚受容器と末梢神経を介して,皮膚などの刺激を脳へ送る情報伝達機能
    〔例:痛覚,温度覚,触覚,位置覚など〕
  - 形態機能:手全体および各指の太さ,長さを適切な比率で保ち,手指の働きと美しさを保つ機能
- ② 作業機能:手の訓練によって習得した作業を行う機能
  〔例:紐結び,ボタン掛け,書字,楽器演奏など〕
- ③ 社会的役割機能:手の社会で果たす美的・心理的・経済的役割
  〔例:握手,合掌,手話,拍手など〕

人間の手の機能については，「日本手の外科学会」名誉会員の上羽康夫氏によれば，**表 5.5**のようにまとめられる[8]．これからわかるように，手の機能は大きくは，その運動，知覚，形態に基づくいわゆる構造レベルより見た「① 基本機能」と訓練によって習得した作業を行う「② 作業機能」，そして手が社会で果たす美的・心理的・経済的役割としての「③ 社会的役割機能」の三つに分けられる．ただし，②，③の機能も，基本的には①の運動機能，知覚機能，形態機能があって可能なものと考えられるので，手の機能としては，これが最も重要なものであり，工学的にも特に注目すべき機能といえる．

ところで，表 5.5に示される多様な機能をもつ手の骨格系とはどのようなものであろうか．まず，**図 5.8**[9]と**表 5.6**[9]に人体の骨格全体を示す．ここで，その肩部を含めた手の運動と関連する部分を特に上肢骨と呼ぶ．それは，上方からいえば，鎖骨，肩甲骨，上腕骨，橈骨，尺骨，手根骨，中手骨，指骨となる．**図 5.9**は，それらの鎖骨と肩甲骨とが形成する上肢帯〔図 (a)〕と腕を構成する部分〔図 (b)〕，さらに手そのものを構成する部分〔図 (c)〕を詳細に

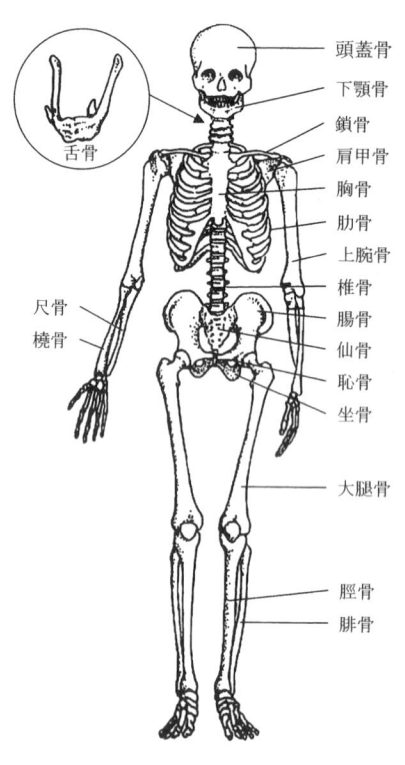

図 5.8 人体の骨格[9]

表 5.6 人体の骨格 (骨の数の分布)[9]

① 軸骨格			② 付属性骨格		
		〔骨の数〕			〔骨の数〕
頭蓋	頭蓋	8	上肢骨	上肢帯	4
	顔面	14		腕と手	60
	耳小骨	6	下肢骨	下肢帯	2
	舌骨 (喉)	1		脚と足	60
脊椎		34	合計		126
胸郭	胸骨	1			
	肋骨	24	① + ② 総計		214
	合計	88			

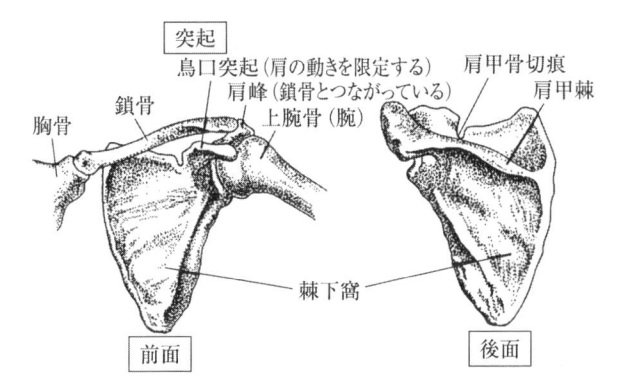

5.3 多目的・多機能な構造・組織　　105

(a) 上肢帯：一対の鎖骨と肩甲骨が上肢帯を形成する

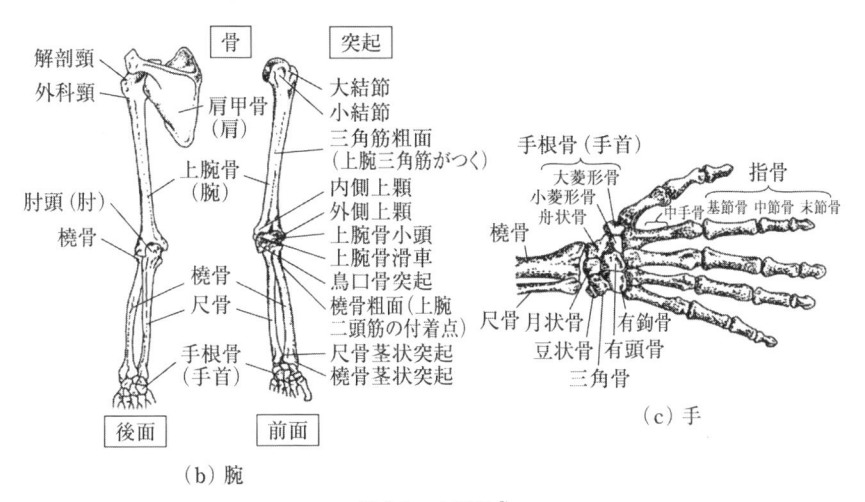

(b) 腕

(c) 手

図 5.9　上肢骨[9]

示したものである[9]．このように上肢骨だけでも32個になり，それに伴い関節の数もかなり多くなるが，特に生体における関節機構は，**図 5.10**に示すように，その置かれた位置と運動機能に対応して種々のタイプがあり，きわめて巧妙なものとなっている[9]．中でも上肢骨での関節は，それらを構成している骨が可動する潤滑性の連結であり，またその運動方向も一方向から無方向まで，各種の運動機能が可能なように複雑である．

さて，以上述べたように，手の運動を司る骨格系はその関節機構を含め複雑なものとなっている．そして，それらに目的とした運動をさせているのは，関

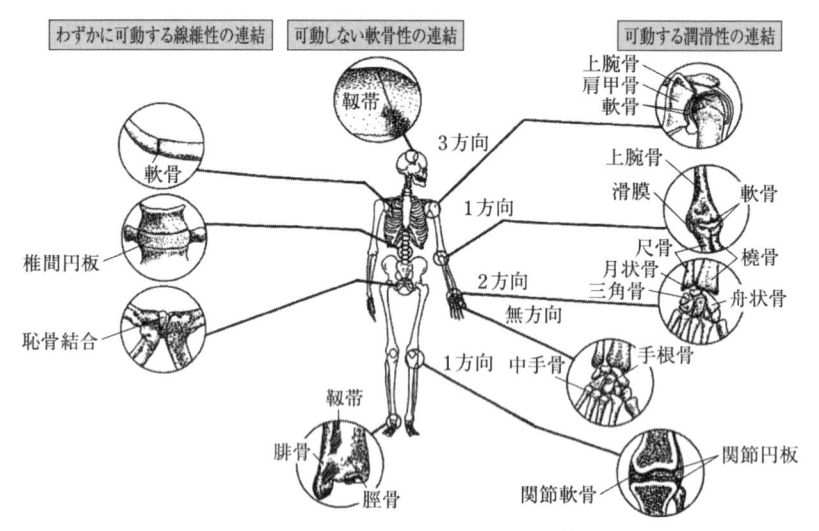

図 5.10 人体骨格系の関節分類[9]

節周りの靱帯や腱，それらとつながっている骨格筋の働きである．さらにいえば，それらを動かしているのは脳の指令ということになる．このような脳からの指令が具体的なある種の手の運動表現になるまでの情報の流れや，骨格筋，腱，靱帯，骨などの個々の運動の流れと，その関連性が明らかになれば，多目的・多機能な手の制御も人工的に可能となる．しかし現在のところ，ほとんどこれらのメカニズムは明確ではない．それは，手の機能に限定しても，それらは超多目的・多機能であり，それらを可能にしている骨格系を含めた構造・組織が超複雑であるからといえる．このようにみると，手の機能発現は，われわれが知る機械としての制御方法とは大きく異なる何かを有しているように思われる．その謎を探るヒントは，次の事実にあると思われる．

それは，人間としての多くの機能(体の動きや言葉を使う機能など)は，この世に生を受けたときから備わっているものではなく，赤子がその成長段階で，それらを取り巻く環境との関係で自ら行う多くの試行錯誤行動の結果勝ち取って可能となっているものと考えられることである．つまり人間(他の高等動物も含む)は，その1世代内でも進化しており，その結果，各種の機能をもつようになっているといえる．

5.3 多目的・多機能な構造・組織

それでは，その世代内進化のメカニズムとは何であろうか．それが現在すべて明らかになっているわけではないが，脳が行う特異な情報処理システムとして，ニューラルネットワークシステム(Neural Network system：NN system)がその一つとして注目されている．

（3） 多目的・多機能性を支えるシステム

高等動物，特に人間での体の動きや言葉などの使用は，超多目的・多機能性のある表現で，かつそれらの多くは1世代内での獲得知能と考えられる．そして，それにNNシステムが重要であることを述べた．このNNシステムについての詳細な説明は6章で行うので，ここではその基本的概念のみを述べる[1),10)]．

脳細胞(ニューロン)の構造については，**図5.11**(1章の図2.2の再掲)に示すものであるが，これが100～200億個集まって人間の脳を構成している．それらは，**図5.12**に示すように，あるニューロンの軸索終末がほかのニューロンの樹状突起と結合すること(シナプス結合と呼ぶ)によって情報的ネットワークを形成している．1個のニューロンについて，その情報的な数理モデルは，**図5.13**に示すものと考えられており，これを数式で示すと次のようになる．

$$y = f(z), \quad z = \sum_{j=1}^{n} w_j x_j - h \tag{5.7}$$

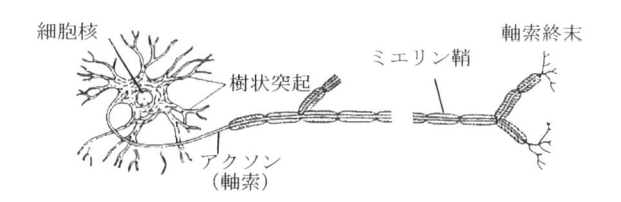

図5.11 神経細胞の構造

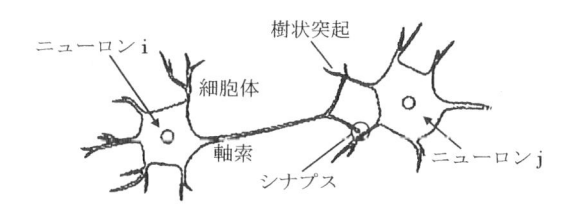

図5.12 ニューロン(神経細胞の結合模式図)

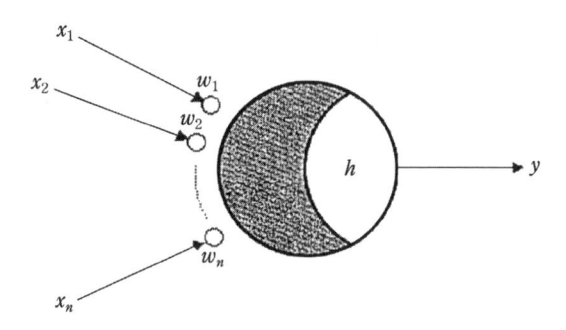

図5.13 ニューロンとその数理モデル

ここで，x_j はニューロンへの入力信号，y はその出力信号，h はニューロンのしきい値であり，f は非線形関数(通常の数理モデルとしては，しきい関数やシグモイド関数が採用される)．また w_j は，入力 x_j が対応しているニューロンにどの程度の影響を与えるかを示す重み係数で，シナプス荷重あるいは結合係数と呼ばれる．図5.13および式(5.7)より，1個のニューロンは数理的には多入力(x_1，〜, x_n)，1出力(y)の非線形素子とみることができる．ただし，重み w_j があらかじめ既知でなく，状況によって可変することが特徴であり，また，これらが多数集合化してネットワーク(神経回路網：ニューラルネットワーク)を形成することにより種々の興味深い能力を有することがわかっている．

たとえば，先の5.3(2)項で述べた手の機能を真似たものとして，ある試作されたロボットアームの作業空間内への位置制御問題を考えよう．**図5.14** はこの問題を示したものであり，**図5.15** はそのための制御用 NN システムの一例を示す．図5.15 において，ロボットアーム先端を作業空間内の目的の位置 (X_i, Y_i, Z_i) へ置きたい場合，これら座標値が入力情報となり，これに対応してロボットアームを制御する関節角 ($\theta_{Ai}, \theta_{Bi}, \theta_{Ci}$) がその出力情報となる．この NN を利用

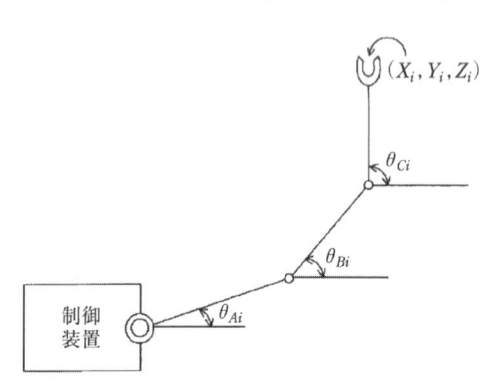

図5.14 ロボットアームの位置制御問題

することにより，ロボットアーム先端を目標位置へ設定できる理由は，次のようなものである．

一般に，望む目標位置 (X_i, Y_i, Z_i) を図 5.15 の NN へ入力しても，その信号は入・出力間の多くのニューロン (中間層ニューロン) で，すべて式 (5.7) で示される変換が次々行

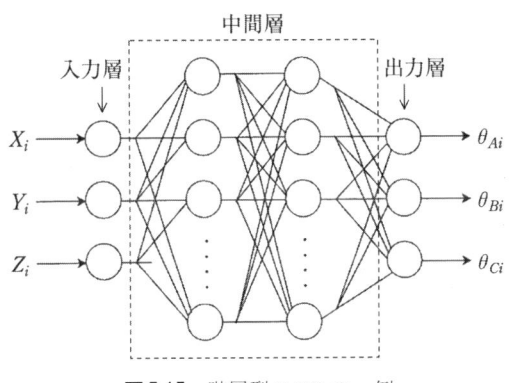

図 5.15 階層型の NN の一例

われることから，入力に対応した望ましい制御のための関節角は出力されない．しかし，中間層ニューロン群の結合係数 w_j をすべて上手に調整できればそれが可能となる．具体的なこの方法として，いろいろな関節角 ($\theta_{Ai}, \theta_{Bi}, \theta_{Ci}$) に対するロボットアーム先端位置 ($X_i, Y_i, Z_i$) を実際に実験的に求めておく．これらは，NN の入力と出力の教師データの組と呼ばれる．次になすべきことは，このデータ組のすべての入力に対し，対応した正しい出力がなされるように中間層の w_j を調整教育する (これを NN の学習と呼び，その具体的方法には誤差逆伝ぱ法[11]など，幾つかの方法が知られているが，実際の人間の脳では，これをどのように行っているのかは不明である)．

このように教育された NN がつくられれば，これを用いることで，作業空間内の希望する任意の位置を指定すれば，それに対応した NN 出力の関節角に従った制御を行うことで，ロボットアーム先端を目標位置へ導くことができる．しかも，この方法は制御のもととなる NN の学習が，実際のロボットアームそのものの実験データによるものであるので，その制御はロボットの製作上の誤差や特性，作業環境などをすべて含んだものとなっていることから，通常 知られている制御理論に基づくものよりはるかに頑健なもの，すなわちロバスト性の高いものである．

以上の議論から明らかなように，<u>NN は結局のところ多入力と多出力変数間の補間関数を教師データの組さえあれば自動的につくるものであり，しかもそれらの変数の数に左右されない利点がある</u>．このようなことから，人間の手の機

能に代表されるような超多機能な表現(出力)も，それを実際に可能としている超複雑な構造・組織にかかわらず，脳の指令(入力)で行われることがわかる．

5.4 省資源・省エネルギーシステム

(1) 菌の活動

2008年10月11日に，粘菌も餌にありつくための最短距離を見つける能力をもつことを確かめた日本人研究者たちにイグ・ノーベル賞(イグ・ノーベル賞とは，

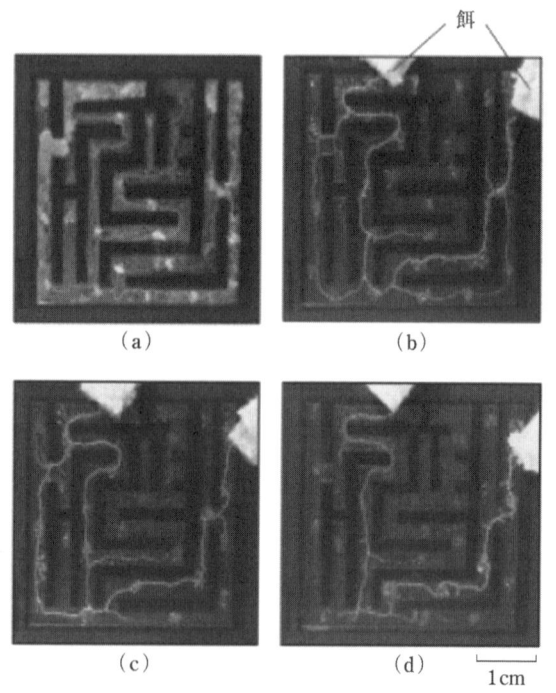

寒天の上を移動している粘菌を上方より撮影したもの．黒色で示されている部分は迷路の壁を示している

迷路いっぱいに広がった粘菌〔図(a)〕が行き止まりの経路にある部分を衰退させ，入口と出口を結ぶ経路に管を残している〔図(b)〕．次に，接続経路の長いものを消去し〔図(c)〕，最終的に最短ルートに1本の管を形成した〔図(d)〕

図5.16　粘菌による迷路探索

5.4 省資源・省エネルギーシステム

ノーベル賞のパロディーとして1991年に創設され，笑いを呼ぶというのが条件の賞)が贈呈されたとのニュースが新聞やネットに流れた[12]．詳しくは，北海道大学の中垣俊之准教授らが**図5.16**に示すように，粘菌(変形菌とも呼ばれる下等菌類の一群に属し，湿った場所の古材または植物体上に腐生して栄養を摂取する．細胞壁をもたず，不定形粘液上の原形質塊でアメーバー運動をする)を入口と出口だけに餌がある迷路に置くと，いったんアメーバーのように迷路一杯に広がった粘菌が餌のない場所からは撤退し，餌のあるところだけを最短距離で結ぶようになることを確かめたというものである．このことは，まったく神

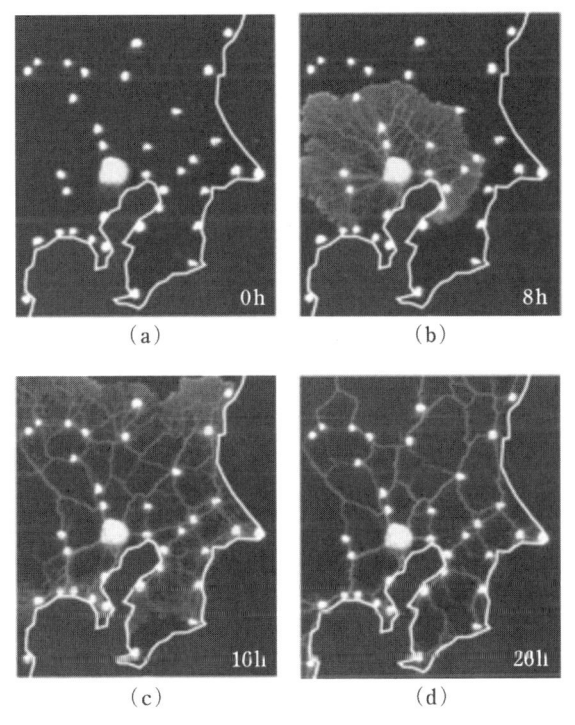

(a) 0h (b) 8h
(c) 16h (d) 26h

中央部に置いた粘菌がネットワークを広げる様子．スタート時〔図(a)〕，8時間後〔図(b)〕，16時間後〔図(c)〕，26時間後〔図(d)〕と，徐々に餌と餌の間を結ぶ管が鮮明になっていく

図5.17 粘菌による鉄道網づくり(髙木清二 北海道大学 助教 提供)

経系をもたないこのような菌類が，その形態形成にあたかも高度な情報処理を行っているかのような挙動を示す大変興味深い例である．中垣氏らは，粘菌がこのような挙動を示す理由も考察しており，それは次のように説明できるという．

粘菌の細胞内には，収縮運動の繰返しを引き起こすリズム体(化学反応でできた時計)が至るところにあり，これらが互いに影響を与えながら細胞全体に収縮運動の波などの時間的・空間的パターンをつくっていること，そしてこのパターン形成が，管からなる複雑な網目状の粘菌の形態形成とリンクしているとのことである(この原稿を執筆している最中に，上述の北海道大学グループが粘菌を用いて関東地方の鉄道網をつくったとのニュースが流れた[13]．参考のためその内容としての**図5.17**を示す)．

一方，菌が最適経路を見つけるという挙動は，**図5.18**に示す細胞膜を有する大腸菌の走化性(何かの化学物質へ向かって移動する性質)においても観察されている[14]．**図5.19**は，その走化性を示すものである．これは，大腸菌がその誘引物質へ近づく方法を示しており，具体的にはその濃度勾配が上昇する方向に進んでいるときには直進し，減少するときは一時停止して，その方向を変えてまた直進するというものである．このような走化性の機構は，大腸菌が図5.18の構造に示した多くの末端受容体からの情報を伝達し，一時的にそれを記憶し，過去の入力や他の入力と比較して選択し，最後に中央処理機構においてその鞭毛モータの回転を決めるという基本的な知覚，記憶，判断能力を有していることを意味している．

以上の二つの例は，生物では下等とみなされる菌類においても，その生命の

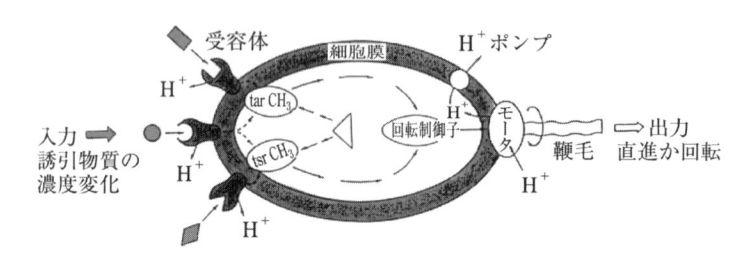

図 5.18 大腸菌の走化性と膜の運動エネルギーの伝達[15]

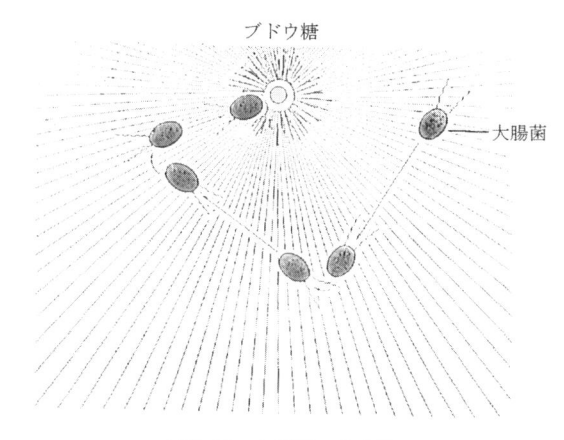

図5.19 大腸菌の走化性

維持に対して与えられた環境下で最適な方法をとろうとすること(前者の例は,最適化の数理分野では,巡回セールスマン問題のような組合せ最適化問題の解法に対応しており,後者の例は関数の極値探索の最急降下法そのものといえる),つまり菌類が省資源・省エネルギー的方法を用いていることを示している.このような生物の振舞いのみでなく,そのつくられている構造・組織が既に省資源・省エネルギー的なものとなっている例を生物の設計原理に触れて次に示そう.

(2) 生物における設計原理

既に,2章の生物の特徴において「生物の基本的な設計原理」について考察し,特にそのもととなる生物の活動規範として一応次のものを提唱した.

<u>生物は,その生命の維持と種族の繁栄を目的として活動している</u>

前項で述べた粘菌や大腸菌のような下等生物の活動もこれに従うと考えられ,ましてや高等な他の多くの生物においては,その活動はほぼ上述の規範のもとで行われていると考えられる.ただし,生物を取り巻く自然環境は時間的・空間的に変化する厳しいものであるので,それらに適合して生物が個々の生命の維持と種族の繁栄を行うには,5.2節で述べた変化する自然環境への適応能力・適応機能が不可欠である.そして,このための基本的な設計原理が5.3節で述べた多目的・多機能な構造・組織を生物が備えることであり,かつそれらが本節での主題としての省資源・省エネルギーシステムのもとで行われるべきと考え

114   5．生物のものづくりの特徴

られる．

つまり，改めて生物が造られる設計原理を考えると，次のようにいえる．

<u>生物は，その生命の維持と種族の繁栄を目的とし，省資源・省エネルギー的制約のもとで，その形態・組織およびそれらを維持するシステムを多目的・多機能に創造している</u>

生物における設計原理を考える根拠として，省資源・省エネルギーシステム

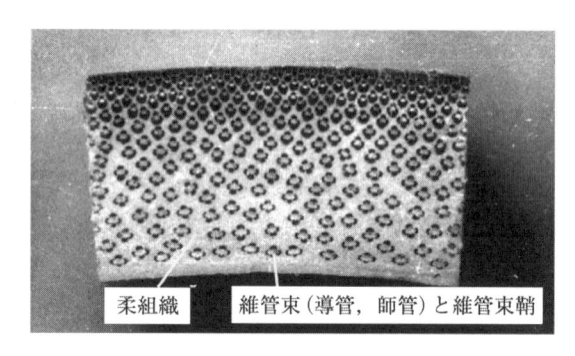

図5.20　孟宗竹真稈部の断面組織状態

（a）維管束鞘の肉厚方向の分布密度変化

（b）軸方向の引張強さの分布

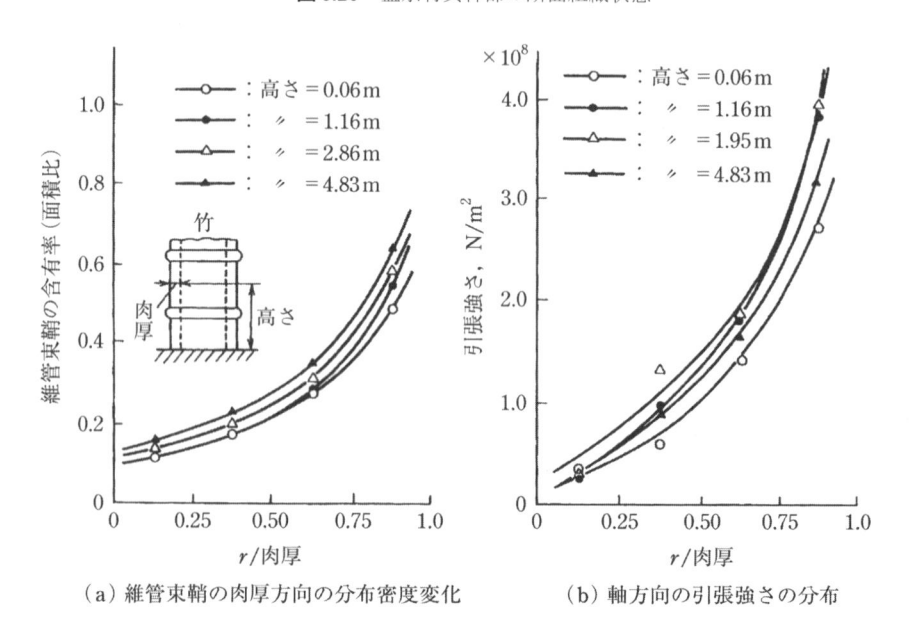

図5.21　竹の維管束鞘分布と引張強さとの関係

のもとで，生物が本当につくられているのかどうかを次に例を挙げて説明しよう．それは，まず竹真稈部の維管束鞘分布を求める問題である[15]．これについては，既に4.1節で竹材の強化繊維としての維管束鞘分布の特異性を明らかにした．そこでは，竹真稈部断面の組織状態が**図5.20**(4.1節の図4.3の再掲)で，その肉厚方向での維管束鞘の分布と対応する位置での軸方向の引張強さの分布が**図5.21**(4.1節の図4.4の再掲)となり，両者がきわめて相関性が強いことを述べた．そして，特にこれらの分布が肉厚方向で外周へ近づくほど急激に上昇する非線形なものであるが，その理由を次に理論的に考える．

まず，竹材の真稈部を**図5.22**に示すように，一様な曲げモーメントMを受ける維管束鞘を強化繊維としたFRP構造のような円管ばりと考えよう．さらに，その断面での繊維含有率V_fを求めるため，肉厚が各部分では一定の含有率V_{fi}を有するn層からなる多層円管構造と考える．いま，任意のi層に生ずる曲げ応力σ_iがその強さσ_{Bi}(引張強さをσ_{ti}，圧縮強さをσ_{ci}とする)を超えないとの制約のもとで，その重量Wを最小化すること，つまり竹材形成上，省資源的な制約が強いものと考えてV_{fi}を求めることにすると，その設計問題は次のように定式化できる．

$\sigma_i \leqq \sigma_{ti}, \ -\sigma_i \leqq \sigma_{ci}$ のもとで

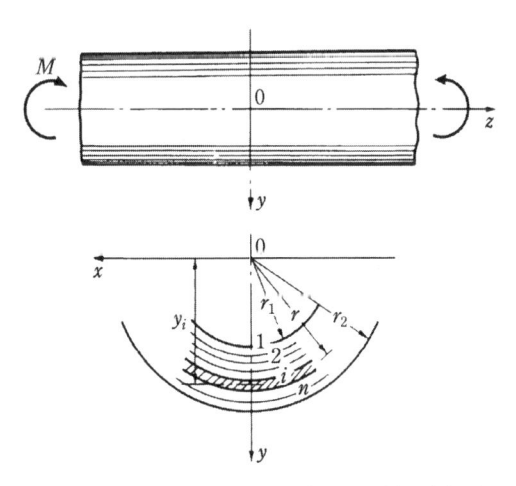

図5.22 曲げモーメントを受ける竹材の座標系

$$W = \sum_{j=1}^{n} \left\{ \gamma_f V_{fj} + \gamma_m \left(1 - V_{fj}\right) \right\} A_j \longrightarrow \min \tag{5.8}$$

ここで，W は竹材真稈部の単位長さ当たりの重量であり，γ_f, γ_m は竹材真稈部における基地組織と強化繊維としての維管束鞘の比重量である．また，A_j は円管 j 層の断面積である．さらに σ_i, σ_{ti} および σ_{ci} はすべて V_{fi} の関数である．ところで，曲げを受ける多層ばりの理論より次式が成立する．

$$\sigma_i = \frac{E_i M y_i}{\sum_{j=1}^{n} E_j I_j} \tag{5.9}$$

ここで，E_i, I_i はそれぞれ円管 i 層でのヤング率と断面 2 次モーメントである．そしてこの E_i は，一方向繊維強化複合材料における複合則を本モデルに適用することによって，次のような V_{fi} の関数として示すことができる[16]．

$$E_i = E_f V_{fi} + E_m (1 - V_{fi}) \tag{5.10}$$

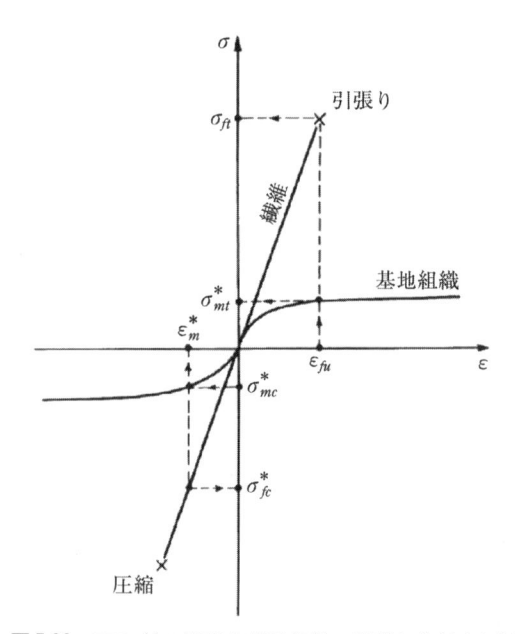

図 5.23　FRP 材の繊維と基地組織の引張り特性と圧縮特性

上式中の E_f, E_m は，強化繊維と基地組織のヤング率に対応している．また，σ_{ti}, σ_{ci} についてもまったく同様に次のように定式化できる．

$$\sigma_{ti} = \sigma_{ft} V_{fi} + \sigma_{mt}^{*}(1-V_{fi}) \tag{5.11}$$

$$\sigma_{ci} = \sigma_{fc}^{*} V_{fi} + \sigma_{mc}^{*}(1-V_{fi}) \tag{5.12}$$

ここで，σ_{ft}, σ_{mt}^{*}, σ_{fc}^{*} および σ_{mc}^{*} は，**図**5.23 に示すような強化繊維と基地組織の引張強さおよび圧縮強さである．

さて，式(5.10)を式(5.9)に代入した結果と，式(5.11),(5.12)を式(5.8)の制約条件に適用すれば，考えている問題は，結局次のように示される．

$$W = \sum_{j=1}^{n} \left\{ \gamma V_{fj} + \gamma_m (1-V_{fj}) \right\} A_j \longrightarrow \min \tag{5.13}$$

$\sigma_i \geqq 0$ について，

$$g_{ti} = E \sigma_{td} S_1 V_{fi} + E_m \sigma_{td} S_2 V_{fi} + E \sigma_{mt}^{*} S_1 + E_m \sigma_{mt}^{*} S_2 - EM y_i V_{fi} - E_m M y_i \geqq 0$$
$$(i=1, \cdots, n) \tag{5.14}$$

$\sigma_i < 0$ について，

$$g_{ci} = E \sigma_{cd} S_1 V_{fi} + E_m \sigma_{cd} S_2 V_{fi} + E \sigma_{mc}^{*} S_1 + E_m \sigma_{mc}^{*} S_2 + EM y_i V_{fi} + E_m M y_i \geqq 0$$
$$(i=1, \cdots, n) \tag{5.15}$$

ここで，

$$\gamma = \gamma_f - \gamma_m, \quad E = E_f - E_m, \quad \sigma_{td} = \sigma_{ft} - \sigma_{mt}^{*}, \quad \sigma_{cd} = \sigma_{fc}^{*} - \sigma_{mc}^{*},$$

$$S_1 = \sum_{j=1}^{n} I_j V_{fj}, \quad S_2 = \sum_{j=1}^{n} I_j$$

である．

式(5.13)の目的関数は明らかに設計変数としての V_{fj} について線形であり，式(5.14),(5.15)の制約条件は非線形である．つまり，本問題は制約条件が非線形な形で与えられる非線形計画法の最適化問題となる．

次に，以上の定式化を利用して竹材の V_f を求めてみよう．ただし，竹材においてはその基地組織や強化繊維としての維管束鞘のヤング率や強さは未知で，そのようなデータを計算上用いることができない．したがって，考えている円管梁をガラス繊維とエポキシ樹脂からなる GFRP 梁と仮定し，さらにその特性として，$\sigma_{ti} = \sigma_{ci}$ と置き，次のような材料定数を計算上用いることにした．

$E_f = 72.5\,\text{GPa},\qquad E_m = 3.43\,\text{GPa},$

$\sigma_{ft} = 1\,960\,\text{MPa},\qquad \sigma^{*}_{mt} = 78.4\,\text{MPa},$

$\gamma_f = 2.60,\qquad \gamma_m = 1.15$ (5.16)

また，負荷モーメントと竹の寸法は次のものを設定した．

$M = 9.81 \times 10^{3}\,\text{N·m},\qquad r_1 = 0.032\,\text{m},\qquad r_2 = 0.04\,\text{m}$ (5.17)

このような条件のもとで，SLP法(逐次線形計画法)[17]を用いて層の数 n を種々変更して解を求めた結果が**図5.24**である．図(a)は強化繊維含有率 V_f の分布であるが，これは先の図5.21(a)の孟宗竹での維管束鞘の分布ときわめてよく類似している．また，強化繊維がこのような分布をしている部材の各層で発生している応力 σ_i と，その部分での強さ σ_{ti} (階段状分布)とを対比して示したものが図5.24(b)である．これからも，σ_i が対応する σ_{ti} と r 方向全域にわたって一致しており，さらに σ_{ti} の分布が対応する竹材の図5.21(b)の分布ともよく類似していることがわかる．

以上より，定性的ではあるが計算モデルの結果が実際の竹の維管束鞘分布をよく説明していることから，それらの材料組織決定過程に応力制約下での最小重量の最適化則が成立しているように思われる．つまり竹において，それらの形態や組織の決定に，既に述べた省資源・省エネルギー的なものを志向する基

(a) V_f の最適分布

(b) $\sigma_i,\ \sigma_{ti}$ の分布

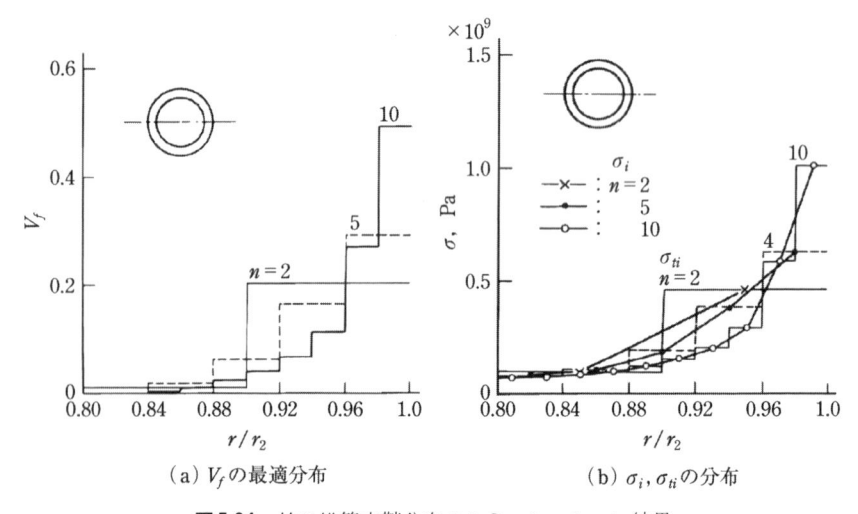

図5.24 竹の維管束鞘分布のシミュレーション結果

5.4 省資源・省エネルギーシステム

(a)

(b) 大腿骨の骨梁パターン

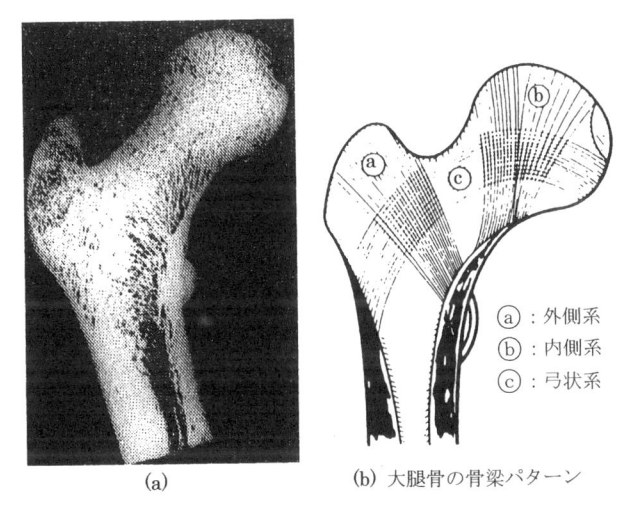

ⓐ：外側系
ⓑ：内側系
ⓒ：弓状系

図 5.25 大腿骨上端部の形状および組織

本的設計原理が支配しているように思われる．

次の例として，骨の形態形成について取り上げよう．もともと骨については，Roux が「最小材料最大強度説」[18] に従うものと指摘しており，ここでは，そのことの妥当性の評価を示すことにもなる．**図 5.25** は，先の 5.3 節の図 5.8 でも示した人における最大寸法の骨としての大腿骨 (femur) の上端部の形状・組織を示すものである．この特異な形状はもちろん，その内部構造組織 (骨梁パターン) までもが，これに作用している力に対応して最適なものとなっているとの考え方が，これまで多くの人々によって定性的に主張されてきている[19]．

そこで，ここではその幾何学的形状は一応与えられたとし，内部の骨梁パターンを理論的に求め，これまでいわれてきている主張の妥当性を評価してみよう．まず，大腿骨を**図 5.26** に示す

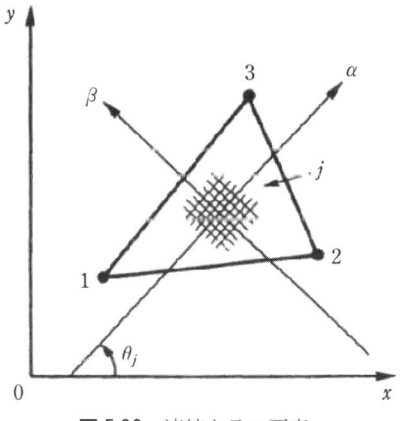

図 5.26 連続トラス要素

120   5. 生物のものづくりの特徴

ような互いに直交する2方向にのみ力を伝達する連続トラス要素(continuous truss element)の集合体と考える．ここで連続トラス要素とは，Hemp[20]により構造最適化に利用されたもので，引張荷重や圧縮荷重のみを伝達できる1次元的な部材のみで構成された構造をトラフ構造と呼ぶが，このようなトラフ構造における1次元部材が直交してある領域，たとえば図5.26の三角形内に無限の高密度で分布していると考えた仮想の構造要素をいう．そして骨のような生体硬組織においては，その内部構造が単なる連続体と考えるより図5.25(b)の骨梁パターンに見るように骨組構造と考えた方が妥当といえるので，このようなモデル化を行った[21]．

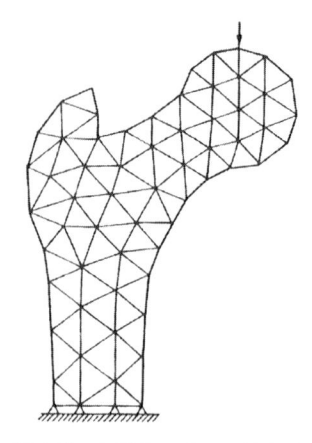

図 5.27 大腿骨モデルに対する有限要素分割

図5.27は，この連続トラス要素群によって大腿骨上端部を力学解析するための有限要素モデルを示す．そして，これらトラス要素部材の大きさ(断面積，つまり太さと考えてよい)と配置方向を設計変数として，応力制約のもとで最小重量となる骨内部の部材配置パターンを求めた．**図5.28**は，その結果を示すもの

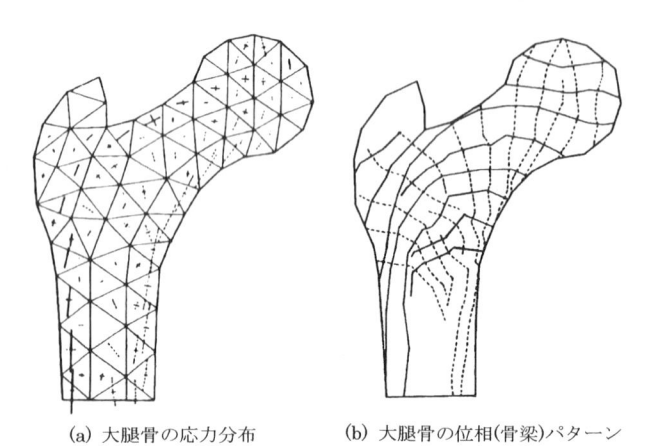

(a) 大腿骨の応力分布   (b) 大腿骨の位相(骨梁)パターン

図 5.28 大腿骨の力学解析

である.図(a)は応力分布である.これは,直ちに各部分でのトラス部材としての大きさ(太さ)を示すものであり,これが先の図5.25(a)の骨梁の密度によく対応していることがわかる.一方,トラス形態(トラス部材の配置)のみを示す図5.28(b)は,先の図5.25(b)のそれとよく類似していることも明らかである.

以上より骨の組織決定に,既にRouxが提唱している「最小材料最大強度説」が支配していると考えられる.そして,これは生物の形態・組織決定が省資源・省エネルギーの制約のもとで行われている一例と解釈してよい.

5.5 構造・組織の形成方法

（１）構造・組織形成の基本

生物におけるものづくりの特徴は **図5.29**(先の図5.1の再掲)に示すものであり,その内の
① 自然環境への適応能力・適応機能
② 多目的・多機能な構造・組織
③ 省資源・省エネルギーシステム
についてこれまで説明してきた.ただし,これらはすべて多様な生物を外見的に眺めたとき,知覚できるそれらが有している機能や,その機能が生み出される条件である.むしろ大切なことは,そのような機能がどのようなメカニズムによって導出されているのかを明らかにすることである.そしてそのメカニズムの主体は,まず各生物内において生じている次の二つの事象に基づいていると考えられる.
④ 構造・組織などの形態,質,量の変化
⑤ 材料・構造などの組合せの多様化

4章で取り上げた具体的な生物事例(竹,卵,桐,キツツキ,銀杏)の議論の中から,上記の④,⑤の例を幾つも挙げることができる.たとえば④については,竹が上方部ほど細く,根本部では太く,かつ節間隔が短いことで,自然外力に対して大きなしなりをつくり,それを逃している.また,キツツキのくちばしを含む頭部の特異な形状が,ドラミングによって発生した衝撃応力波を分散させ,その大部分を下顎を通して太い筋肉を有する首へと逃し,それがさらに特異な指を有する2足と羽軸が硬い尾羽の3点支持で木へと伝ぱさせている.つ

122   5. 生物のものづくりの特徴

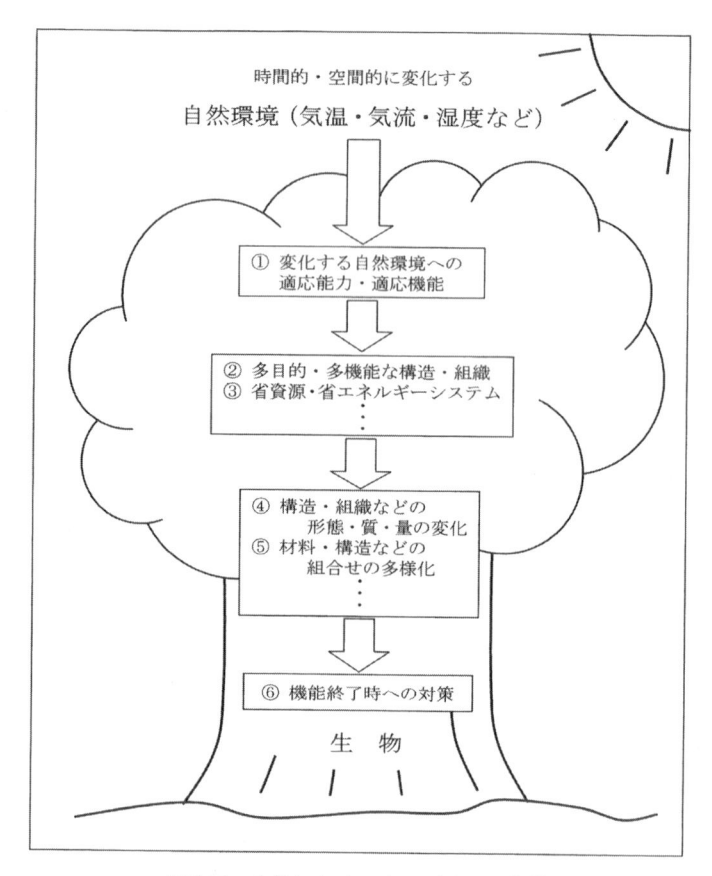

図5.29 生物におけるものづくりの特徴

まり，生物自身の動作も含め形状や材料組織の特性等を巧みに変化させることによって各種の機能をつくり出している．

次に⑤については，既に何度もこれまで取り上げてきている．すなわち，竹材における強化繊維としての維管束鞘の特異な分布が，その特性に大きく影響を与えている．また，銀杏の中種皮(殻)がリグニンとセルロースの絶妙な組合せでその内部の胚乳の生育を守っている仕組み，そして卵が典型的な脆性材料としての卵殻と超延性材料の卵殻膜との組合せによって外部からの負荷には強く，逆に内部負荷に弱いものとなっている．さらに，桐材の不燃性が，基地組織中に分散している導管部の形状とその配置の特異性に強く関係している．こ

5.5 構造・組織の形成方法

れらは，いずれも各種材料の組合せの妙味ともいえる．

以上のことは，結局のところ，生物におけるそれらを形づくっている構造や材料組織の形状や特性の変化はもちろん，それらの組合せの多様化によって現れているものと考えられる．さらに，このもとになっているものこそが，構造や構成材料組織をつくっている細胞の働きであるといえる．生物には多種・多様なものがあるが，それらすべてが細胞からなっている．たとえば，人間においても約40〜50兆個の細胞でつくられているといわれている．細胞は「生命の最小単位」でもあるが，これらが多数集合した多細胞生物の特性は，まさにそれを構成している細胞群の働きに基づいているのである．このようなことから，細胞の機能を知ることが，生物そのものの機能を知る上で重要なものであることがわかる．

図 5.30 は，以上述べた生物における多目的・多機能な機能発現と細胞機能との関係を示したものである．

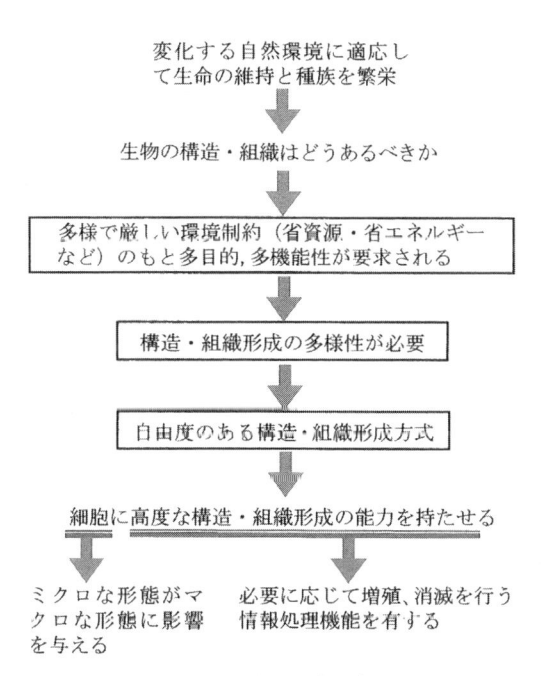

```
         変化する自然環境に適応し
         て生命の維持と種族を繁栄
                 ↓
         生物の構造・組織はどうあるべきか
                 ↓
    ┌─────────────────────────────┐
    │ 多様で厳しい環境制約（省資源・省エネルギー │
    │ など）のもと多目的,多機能性が要求される   │
    └─────────────────────────────┘
                 ↓
         構造・組織形成の多様性が必要
                 ↓
         自由度のある構造・組織形成方式
                 ↓
    ━━━━━━━━━━━━━━━━━━━━━━━━━━━━━━━
     細胞に高度な構造・組織形成の能力を持たせる
    ━━━━━━━━━━━━━━━━━━━━━━━━━━━━━━━
         ↓                    ↓
    ミクロな形態がマ       必要に応じて増殖、消滅を行う
    クロな形態に影響       情報処理機能を有する
    を与える
```

図 5.30 生物の構造・組織形成システム

（2）細胞の構造と機能
① 細胞の構造

生物の基本単位は細胞で，生物のあらゆる形態・組織はもちろん，その活動から生・死に至るまですべてこれが関与していることがわかっている．そこで，ここではまずこの細胞の構造がどのようなものであるかを示し，次にその主な働き（機能）について述べることにする．

細胞といっても，その形やサイズは生物の種やその組織・器官によって大きく異なる．**図 5.31**[22]は，生物の種による細胞のサイズの相違を示すものであり，**図 5.32**[23]は人の細胞でも，その組織・器官によって，いかに形状が変化しているかを示している．また，**図 5.33**[1]に典型的な動物と植物における細胞の構造を示す．これらの図から，いかに細胞のサイズや形・構造が多様であるかが理解できる．ただし，すべての細胞に共通しているのは，細胞内部を外界から隔離するための細胞膜を有していることである．この膜の内側には細胞質と呼ばれる水分の多い

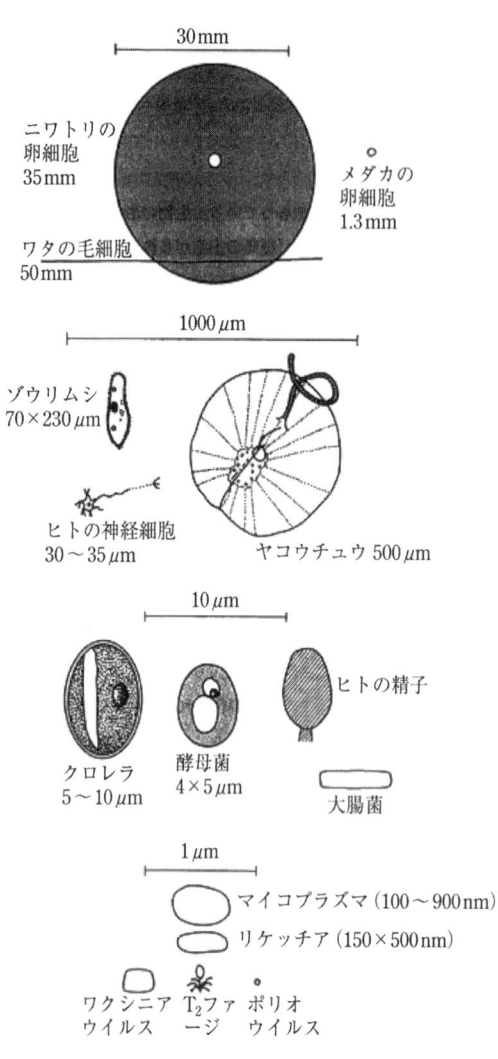

30 mm
ニワトリの卵細胞 35 mm
メダカの卵細胞 1.3 mm
ワタの毛細胞 50 mm

1000 μm
ゾウリムシ 70×230 μm
ヒトの神経細胞 30〜35 μm
ヤコウチュウ 500 μm

10 μm
クロレラ 5〜10 μm
酵母菌 4×5 μm
ヒトの精子
大腸菌

1 μm
マイコプラズマ（100〜900 nm）
リケッチア（150×500 nm）
ワクシニアウイルス
T₂ファージ
ポリオウイルス

図 5.31 種々の細胞の大きさ[22]

5.5 構造・組織の形成方法　125

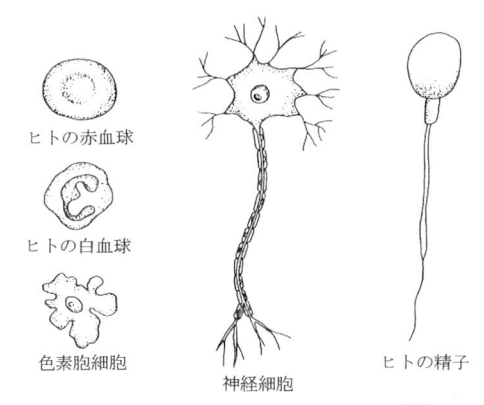

図5.32 人の細胞のいろいろな形[23]

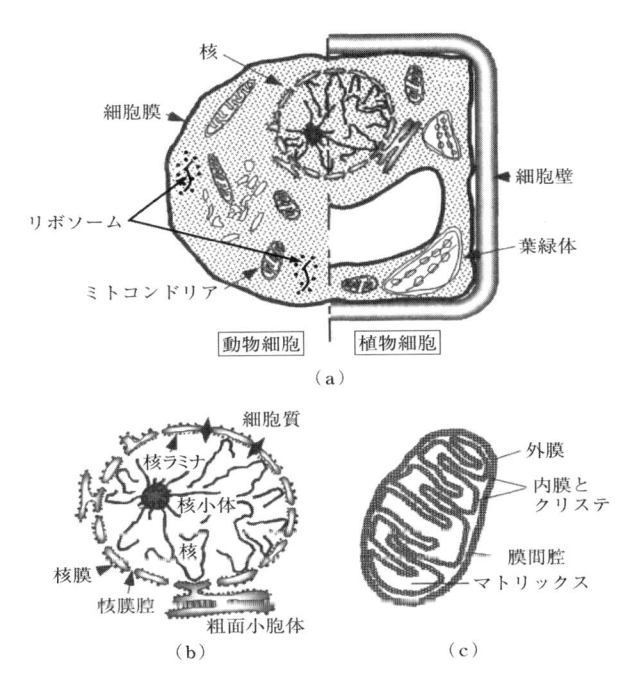

図5.33 動物細胞および植物細胞の構造〔図(a)〕と主な細胞小器官の構造〔図(b) 細胞核，図(c) ミトコンドリア〕[1]

物質があり，さらにこの中に図5.33(b)に示すような膜で囲まれた核をもつ細胞と，もたない細胞とがある．前者は真核細胞，後者は原核細胞と呼ばれている．

126   5．生物のものづくりの特徴

　後の細胞の機能のところで詳述する生物の遺伝情報を伝達するためのデオキシリボ核酸(DNA)は，真核細胞では核の内部に，原核細胞では細胞質内に存在している．また，原核細胞の例としては細菌やバクテリアなどの単細胞生物がある．一方，動物や植物はすべて真核細胞である．ただし，動物と植物における細胞の相違は図5.33(a)に見るように，後者が外側に固い細胞壁を有していることと，その内部に光エネルギーを化学エネルギーに換える葉緑体をもっていることである．

　さて，それではすべての細胞が有している細胞膜の構造・機能に触れよう．これは，既に2.2節(図2.4)でも述べたが，リン脂質の2重層として図5.34[1]のような構造をしている．酸素や二酸化炭素などの気体や水はこれを自由に透過するが，糖，アミノ酸などの水溶性の低い分子やイオンは半透性となる．細胞膜は，その膜内に様々なタンパク質を有し，これらの物質の透過や細胞膜内外の情報伝達に重要な役割を果たしている．さらに，膜を構成しているそれぞれのリン脂質分子は膜内を自由に拡散でき，タンパク質分子も膜内を移動できる〔このようなことから，リン脂質2重層の部分とタンパク質の部分とがモザイ

(a) 流動モザイクモデル　　　　　(b) リン脂質の構造

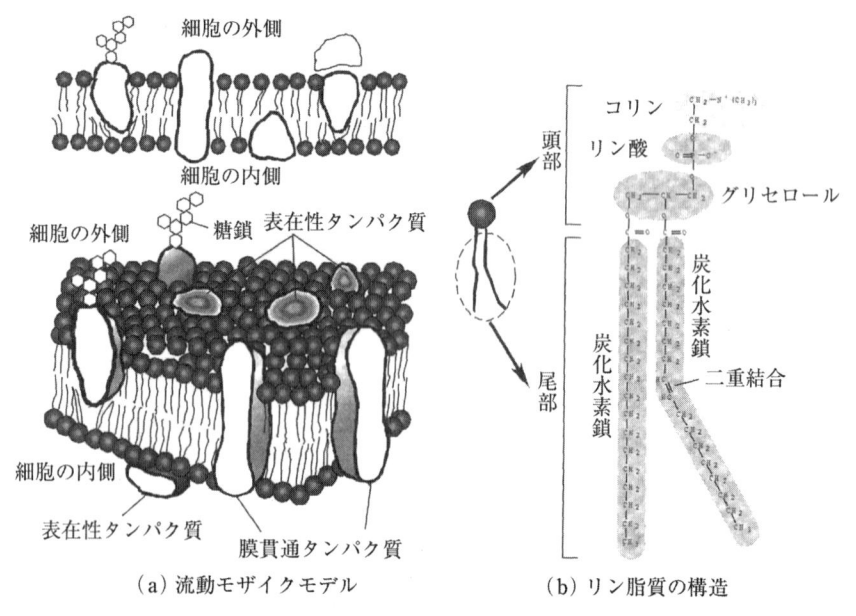

図5.34　細胞膜のモデル〔流動モザイクモデル，図(a)〕とリン脂質の構造〔図(b)〕[1]

5.5 構造・組織の形成方法   127

ク状になって細胞膜をつくる状態を流動モザイクモデルと呼ぶ．図 5.34 (a) 参照〕．

次に，細胞膜で隔離された細胞内部の器官 (細胞小器官) について述べる．真核細胞の細胞質の中には，図 5.33 に示したように核，ミトコンドリア，リボソーム，色素体，小胞体のように膜で包まれた器官があり，それらの機能も次のようにほぼ明らかとなっている．

まず核は，細胞の働きの中心をなす部分で，その内部に細胞の遺伝的な特徴

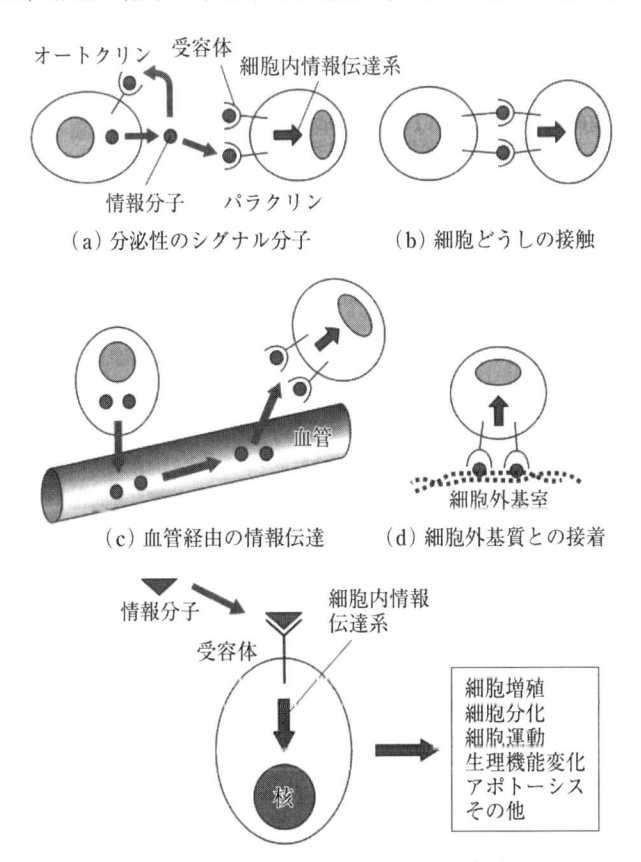

(a) 分泌性のシグナル分子

(b) 細胞どうしの接触

(c) 血管経由の情報伝達

(d) 細胞外基質との接着

(e) 細胞内情報伝達系による細胞機能の発言

図 5.35 外部からの情報の受容と細胞機能の発現〔外部からさまざまな情報を受容した細胞〔図(a)〜d)〕は，その情報を細胞内の情報伝達系に伝えて，多様な細胞機能を発現させる〔図(e)[24]〕

を決める遺伝子がある．ミトコンドリアは，細胞の呼吸作用を行い，リボソームはタンパク質の合成を行っている．また，色素体の中での葉緑体は光合成の働きを行っている．小胞体の機能には不明の点もあるが，リボソームで合成されたタンパク質の通路的役割と推定されている．そして重要なことは，これらの各器官の働きが全体とし統制がとられて行われていることである．つまり，細胞はその外側からきた情報に基づき，必要なタンパク質をつくる<u>ナノレベルの精密工場</u>とみることができる．このタンパク質生産工場の生産指令は核で行われ，その生産炉にエネルギーを供給しているのがミトコンドリアで，実際の生産に当たる作業をリボソームが行っている．できたタンパク質は，小胞体などを介して必要な箇所へ運ばれていると解釈できる．

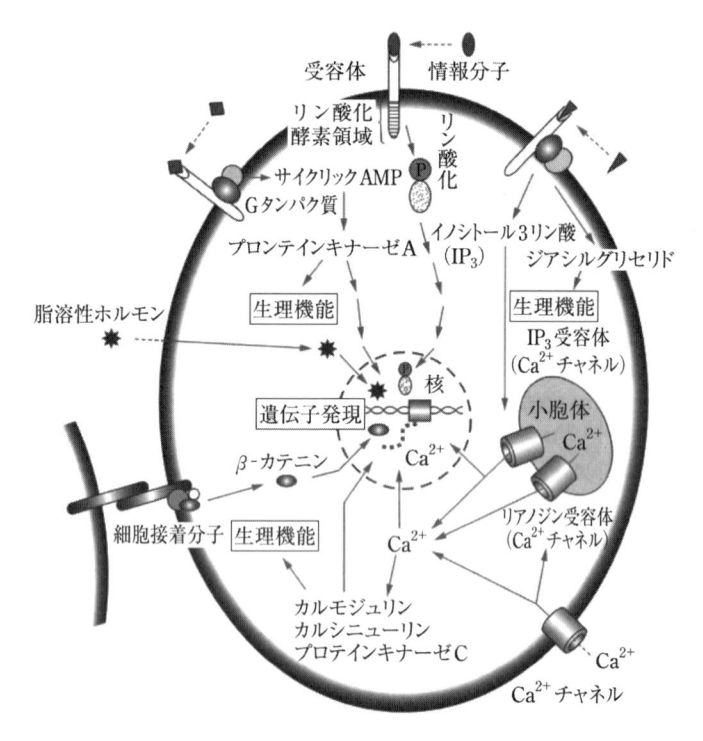

図 5.36 細胞内の情報伝達系の主要な経路 (外部からの情報は，さまざまな経路を経て細胞内を伝達され，細胞の生理機能の変化や遺伝子の発現を引き起こす)[24]

② 細胞の機能

細胞がタンパク質製造のナノレベルの精密工場であることを述べたが，それがどのような目的で稼動し，またその稼動の条件とは何であろうか．このことについて述べたい．

まず細胞の稼動条件であるが，それは一般に外界からのホルモンや成長因子のような分泌性因子の働きによって引き起こされている．**図5.35**[24]は，その際の細胞内への必要な情報伝達系(signal transduction)の仕組みを示すものである．このように，外界からの情報が細胞膜の受容体を介して細胞内に伝達される経路にはさまざまなものがある．**図5.36**[24]は，このような多様な情報伝達系を1個の細胞の側から眺めたもので，その際の細胞内部での情報の流れも示している．そしてこれらの結果として，細胞は次のような活動を行うことが知られている．

- 細胞分裂・増殖：体細胞分裂や減数分裂による細胞増殖
- 細胞分化：一つの受精卵から多数の働きの異なる細胞のできる過程
- 細胞運動：アクチン-ミオシン系，微小管系，フラジェリン系などの運動に関する機能
- 生理機能変化：必要なタンパク質をつくり，それらを供給する機能など
- アポトーシス(apoptosis)：枯れ葉が散るように細胞が計画的に死ぬ生理的現象を意味する
- その他

このような細胞の活動によって，その基本機能としての「遺伝情報伝達」とそれによる「遺伝形質発現」が生物の形態形成に最も重要と考えられるので，次にそれに絞って説明したい．

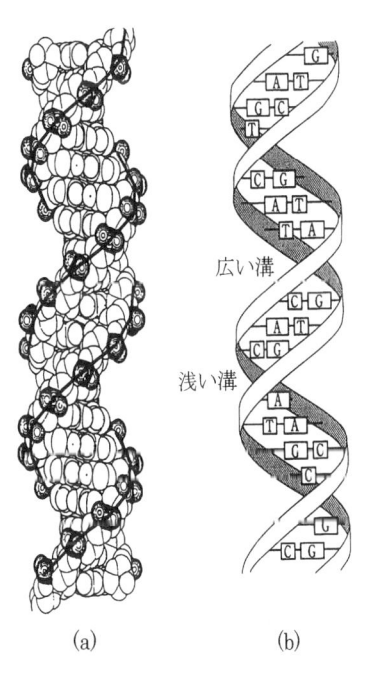

(a)　(b)

A：アデニン，T：チミン
G：グアニン，C：シトシン

図5.37　DNAは二重鎖構造

130   5．生物のものづくりの特徴

　生物は，生殖により子孫をつくり，種を保存する．このとき，親の形質は子へと受け継がれるが，これが遺伝である．遺伝による膨大な量の情報は，細胞内の染色体に組み込まれた遺伝子に蓄えられている．この遺伝子の化学的本体は，**図5.37**(2.21節の図2.1の再掲)に示すDNAである．

　それでは，DNAはどのようにして親から子へと受け継がれるのであろうか．このために細胞に備わっている重要な機能が細胞分裂である．細胞は分裂して増殖する．細胞分裂とは，1個の細胞(親細胞)が分裂して2個以上の細胞(娘細胞)になることで，「体細胞分裂」と「減数分裂」の2種類がある．前者は通常の細胞が増えるときに行われる分裂であり，染色体の数は不変である．一方，後者は生殖細胞(精子や卵のもととなる細胞)がつくられるときに行われる特殊な核分裂で，娘細胞の染色体数は親の半分となる．たとえば，人の体細胞の染色体は46本あるが，精子，卵子ではその半分の23本である．生殖細胞は雄では精子に，雌では卵にそれぞれ発達する．そして受精によって精子と卵は一つに融合し，染色体の数は再び元どおりの数となる．このとき，遺伝情報はそれぞれ

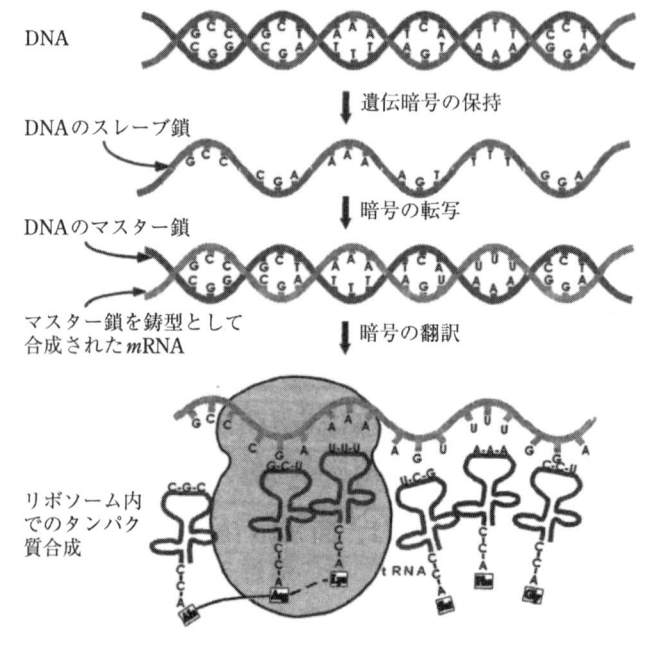

図5.38　DNAからタンパク合成までの過程(セントラルドグマ)[1)]

の親から半分ずつ受けとり，新しい情報(DNA)を有する個体が誕生することになる．

それでは，新しいDNAはどのようにして子の体の中で発現されるのかを考えてみたい．**図5.38**[1]は，その仕組みを示したものである．あるタンパク質が必要になると，染色体にあるDNAから必要な部分の情報(ヌクレオチド配列)がRNAに写しとられる(転写)．そしてRNAに写しとられた情報を使ってタンパク質が合成される(翻訳)．この仕組みは細菌から人に至るまでのあらゆる細胞に共通したものであることから，分子生物学における根本原理(セントラルドグマ)と呼ばれている．

以上は，細胞の分裂・増殖についての話しであるが，次に生物の形態形成に細胞死も関係することを説明しよう[24),25)]．**図5.39**[24)]は，その幾つかの例を示すものである．図(a)は，指の形成や哺乳類の胚発生の初期に起きる前羊膜腔の形成などで見られる生物の形態形成の途中の構造から，その一部分を除去するものである．図(b)は，カエルの変態における尾の消失など，発生の過程で不必要な組織を除去するものである．図(c)は，神経系の発生において，神経細胞やオリゴデンドロサイトになる細胞が過剰に形成された後，それらの余分なものが除去されるような形成中の組織の細胞数を調整するものである．

これらの現象は，すべてプログラム細胞死(programmed cell death)，すなわちアポトーシスと呼ばれるもので，発生の決まった時期に細胞が死ぬように，遺伝子の中にあらかじめプログラムされていて，一定の時期

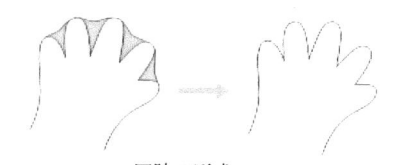

四肢の形成
(a) 一部の組織の除去

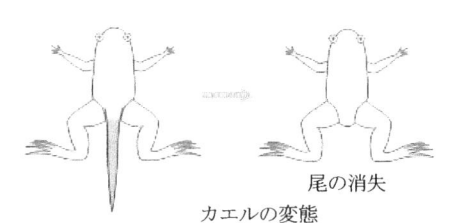

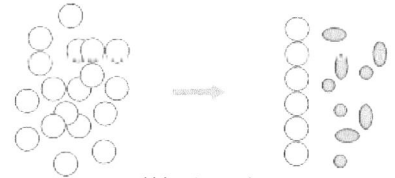

カエルの変態
(b) 構造の除去

神経系の発生
(c) 細胞数の調整

図5.39 発生過程におけるアポトーシスの役割[24)]

図5.40 テロメア[23]

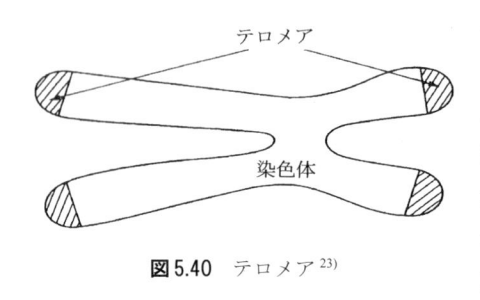

原生動物	テトラヒメナ	TTGGGG
	オキシトリカ	TTTTGGGG
	パラメシウム	TTGGGG, TTTGGG
	トリパノゾーマ	TTAGGG
真性粘菌	ディディミウム	TTAGGG
植物	シロイヌナズナ	TTTAGGG
脊椎動物		TTAGGG

図5.41 種々の真核生物のテロメアの塩基配列[23]

になると細胞が自発的に死んでしまうものである．ただし，その正確なメカニズムはまだ不明の点が多く，DNA の中に細胞死に関連した遺伝子が幾つか明らかにされているにすぎない．ここで述べたプログラム細胞死は，先の図5.29に示した「生物におけるものづくりの特徴」での最後の過程である，「⑥機能終了時への対策」に対応した細胞機能の一つともいえる．ただし，生物が真にその機能を終えて消滅するメカニズムは，これとは別のものと考えられている．それは，真核細胞の染色体に必ず存在しているテロメアという塩基配列(図5.40[23]，図5.41[24]参照)によるものが原因で，これが細胞分裂のたびに，ある一定のユニットずつが切り離されることによるといわれている．つまり，真核細胞の分裂に先立ち DNA の複製が行われるが，その際，図5.42に示すように2本鎖 DNA の片方の鎖の末端部分が複製されずに終わってしまうのである．

結局，細胞分裂のたびにテロメア部分の短縮が DNA 鎖に生ずることになる．そして，このテロメア部が短くなるにつれて染色体は不安定になり，染色体の切断や染色体間での癒合などが生じ，その結果として細胞死が起こると考えられている．図5.43は，このことを示す例である．個体から分離・培養したヒト繊維芽細胞のテロメ

図5.42 テロメアの短縮

アが，分裂を繰り返すたびに短くなっている．

以上，生物におけるものづくりの特徴として，図5.29の④〜⑥に関連するかたちで，その基本となる細胞の構造と機能について説明してきた．ただし，細胞の機能は多く，ここでは生物の形態形成に関係の深い機能の，しかもその一部を紹介したにすぎないことをお断りしておく．

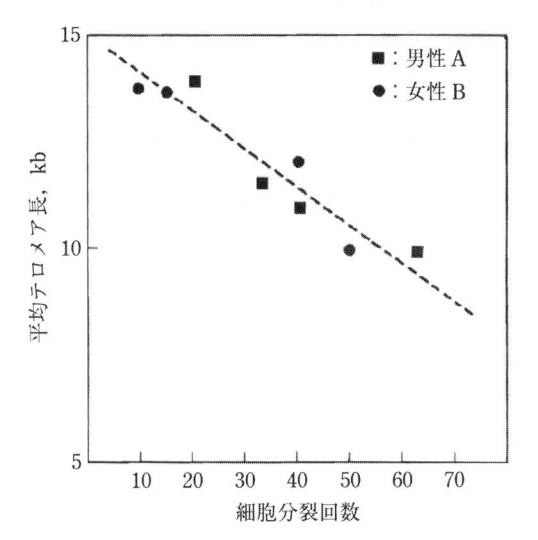

図5.43 ヒト繊維芽細胞のテロメア長と加齢

参 考 文 献

1) 尾田十八・坂本二郎・田中志信：生物工学とバイオニックデザイン，培風館 (2002).
2) 尾田十八：「生物の適応機構とその力学モデル」，日本ME学会BME, **6**, 10 (1992) pp.31-41.
3) 島地 謙・須藤彰司・原田 浩：木材の組織，森北出版 (1976).
4) A. B. Wardrop, G. W. Davis : "Cellular Ultra-structure of Woody Plants", Cate, WA.Ed, Syracuse Univ. Press. Syracuse (1965) pp.371-389.
5) J. Wolff : Das gesatz der transformation der Kochen, Berlin, Hirschward (1892).
6) 須田立雄・小沢英浩・高橋栄明：骨の科学，医歯薬出版，東京 (1985).
7) たとえば福田：設計のための材料力学，広川書店 (1968).
8) 上羽康夫：手の外科と作業療法，理学診療1 (1990) pp.98-113.
9) 垣鍔 直・勝浦哲夫・山崎昌広：身体の機能と構造計測マニュアル，文光堂 (1994).
10) 合原一幸：ニューラルコンピュータ，東京電機大学出版局 (1988).
11) 松本 元・大津展之編：ニューロコンピューティングの周辺，培風館 (1991).
12) http://scienceportal.jp/news/daily/0810/0810111.html
13) たとえば日本経済新聞，平成22年1月22日朝刊．
14) 中村和行・高橋 進：生き物のからくり，培風館 (1998).
15) J. Oda : "Minimum Weight Design Problems of Fiber-Reinforced Beam Subjected to Unifor Bending", Trans. ASME, Ser. R., **107**, 1 (1985) pp.88-93.
16) 福田 博・邉 吾一：複合材料の力学序説，古今書院 (1989).
17) 矢部 博・八巻直一：非線形計画法，朝倉書店 (1999).
18) W. Roux : Gesammelte Abhandlungen einer Entwicklung-mechanick der Organismen, Iu. II, Engelman (1895).
19) 梅谷陽二：生物工学，共立出版 (1977).

20) W. S. Hemp : Optimum Structures, Clarendon Press. Oxford (1973).
21) 山崎光悦・尾田十八:「連続トラス要素による骨組構造の創生法(骨組連続体の最小重量設計法)」, 日本機械学会論文集, **46**, 411 (1980) pp.1230-1237.
22) 石川　純:生物科学入門, 裳華房 (1997).
23) 室伏きみ子:生命科学の知識, オーム社 (1997).
24) 浅島　誠・駒崎伸二:分子発生生物学(改訂版), 裳華房 (2000).
25) 上野直人・野地澄晴:新形づくりの分子メカニズム, 羊土社 (1999).

6. 生物に学ぶ設計法

6.1 生物のものづくりから何を学ぶか

5章では，生物のものづくりの特徴を説明した．そして，その特徴は次のようなものであった．
① 変化する自然環境への適応能力・適応機能
② 多目的・多機能な構造・組織
③ 省資源・省エネルギーシステム
④ 構造・組織などの形態・質・量の変化
⑤ 材料・構造などの組合せの多様化
⑥ 機能終了時への対策

以上の各項目の議論を具体的な生物事例を通して行った．いずれの例においても，生物がいかに精緻で，巧みにつくられているかに感心させられるものであった．そのような思いから，生物がつくられている設計原理を考えると，次のようなものであろうことも述べた．

<u>生物は，その生命の維持と種族の繁栄を目的とし，省資源・省エネルギー的制約のもとで，その形態・組織およびそれらを維持するシステムを多目的・多機能に創造している</u>

ところで，以上述べた生物におけるものづくりの各種特徴とそれらから考えられる設計原理については，生物を工学的な設計対象物と捉え，しかもその形態・組織および機能的視点からの分析によって得られたものである．われわれにとって重要な点は，むしろこのような超最適化されている造形物（生物）のつくり方のメカニズムは何か，そしてその一部でも学ぶことができないかということであろう．この生物のつくり方のメカニズムについては，5章でも少し触れたが，結局のところ次の2点がきわめて重要な事項と思われる．

 (1) 生物における進化のシステムの存在
 (2) ものづくりにおける細胞の働きの重要性

（1）の点については，ダーウィン(Charles Darwin：1809～1882年)[1]の指摘のとおり，すべての生物が進化の産物であり，これが時間的・空間的に変化する自然環境に適応したもののみが生き残ることで，先の生物の設計原理に則したものがつくられた大きな根拠と考えられる．この生物の幾世代にもわたる進化のメカニズムについては，今日の分子生物学の進歩によってDNAの交差，突然変異などの変化により説明されている．一方，1世代内でも，生物はその環境に適応することにより進化している．たとえば，図6.1は人間の脳細胞のネットワークの状態を示すものであるが，(a)の新生児から，生後2年の(c)の状態まで，いかにそれが高密度化へと進んでいるかがわかる[2]．つまり，人間の子がその誕生から生長するに従い，人間社会やそれらを取り巻く環境にいかに適合し，その知能を進化させているかがわかる．このように，生物は長期にわたる世代交代はもちろん，1世代内でも進化しており，それを制御しているメカニズムも，前者についてはDNAの変化，後者については脳細胞がつくるネットワークの変化が基本的なものと考えられる．したがって，このような進化のメカニズムの一部分でも工学的設計技術に利用できれば，その貢献度はきわめて大きいと思われる．

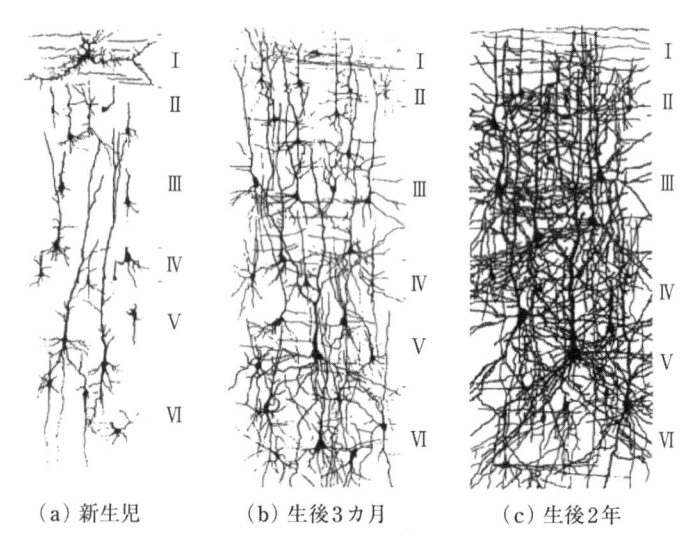

（a）新生児　　（b）生後3カ月　　（c）生後2年

図6.1　ヒト大脳皮質の生後早期の発生 (Conel,1959年より)[2]

実は，このような生物における進化のメカニズムについて，その DNA 鎖や脳細胞という実体をそのまま人工的に真似ることは基本的に難しい．ただし，現在のコンピュータは，その機能的なある面では脳と似たものともいえ，さらにその利用を前提とすれば，生物が行っている進化のシステムの一部を利用することは，現在でも可能となっている．それは，次のようなものである．

・世代交代による進化システムの応用法[3]〜[6]
　　遺伝的アルゴリズム (Genetic Algorithm：GA)
　　遺伝的プログラミング (Genetic Programming：EP)
　　進化プログラミング (Evolutionary Programming：EP)
　　進化戦略　(Evolution Strategy：ES) など
・世代内での進化システムの応用法[7]〜[9]
　　ニューラルネットワーク (Neural Network：NN)
　　人工知能 (Artifical Intelligence：AI) など

以上は，すべて生物の進化システムの原理を応用した方法論，つまり生物から学ぶソフトウェア的技術であるが，これを工学的設計法へ積極的に有効活用することは当面可能な方法であろう．

一方，先の(2)の点での生物のものづくりにおける細胞の重要性についてであるが，このことについてはもう論ずるまでもないであろう．上述した生物が有する進化システムの基となる DNA や脳細胞自身も細胞組織や細胞そのものであり，生物におけるすべての機能から形態・組織の維持に至るまで，細胞なくして考えられないものである．問題は，それらの働きの一部でも真似し，利用できないかということである．

ここで，このような応用法を考えるうえで，少し視点を変え，生物はなぜそのものづくりに「細胞」を用いているのかについて考えてみよう．この点については，既に「2. 生物の特徴」の「2.2 構造・組織の特異性」で少し触れてはいるが，ここでこの点を再度明確にしておきたい．まず，生物が細胞由来の構造となっている根拠として，多様な生物ももともと一つの単細胞生物から出発しており，これが多様な地球環境変化に適応進化していく過程で，それぞれ必要な機能の細胞を殖やし，それらを組み合わせてできたものと考えられることである．この点からすれば，構造形成に対する細胞構造としての利点が次のような

ものとして浮かび上がってくる.
 (1) ある基本要素(細胞)をもとにして,自由な形をその組合せとして創造できること.
 (2) 基本要素の形のみならず,その材料特性も自由に変化できることから,多様な形態・組織のものを創造できること.

一方,「5.5(2) 細胞の構造と機能」で述べたように,細胞はタンパク質製造のナノレベルの精密工場で,その指令は隣り合う細胞や血液などの分泌性シグナルに基づき行われるが,製造については核にある DNA 情報が用いられ,次の流れ(セントラルドグマ)に従っている.

$$DNA \rightarrow RNA \rightarrow タンパク質$$

このようなことから,次のような細胞構造としての特徴が浮かび上がってくる.
 (3) すべての基本要素が,それらからなる本体自身の設計図を有していること.
 (4) (3)の点からある要素が,その全体の中での役割,位置などが明確で,それ自身のなすべき働きをセントラルドグマに従って行っている.
 (5) 膨大な要素も,それらを取り巻く要素や,それらと結びつくルートからの情報に基づき行動している.

以上(1)～(5)をみるとき,(1),(2)の点は,これら単独で考えると,現存する構造物や機械でも,このような特性をもつものであるとみることができる.しかし,生物細胞のすごさは,(1)～(5)の点がすべて連携して矛盾なく行われていることであろう.このことからも,現在,生物の細胞と同じ機能を有する要素を人工的につくることは不可能である.ただし,IC チップの小型化・高機能化などによって,上述の(3)のような機器を構成する各要素に,その主要な設計情報や関連する情報をもたせることが可能となってきている[10].したがって,(4)に近いこと,つまり全体の中での対象要素の挙動,たとえばそれが劣化して本来の機能が発揮できなくなることなどは,対象要素からの発信情報により検知でき,その機器としての保守・管理が容易となる.また,幾つかの要素が組み合わされて,ある種の機能を有する部分では,それらの要素間での設計情報のやり取りも可能で,部分としての機能のチェックから,またそれが全体としての機器に対するチェックにも反映できることになる(図 6.2 参照).

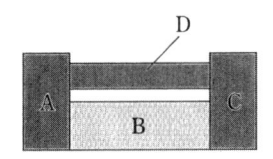

(a) 機器の全体モデル（A～Dの部分で構成）

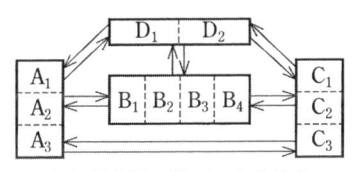

(b) 部分間の情報のやり取り

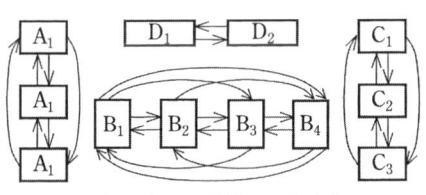

(c) 要素間の情報のやり取り

図 6.2 セル化した概念の機器モデルにおける情報のやり取り

　さらに，膨大な細胞からなる生物が，上手にその形態や組織を可変する情報の流れは，上述の(5)に関連するが，神経系細胞群などを除けば，基本的には個々の細胞がその近傍細胞からの情報に基づき活動していると考えられる．このことを利用して人工的な形態や組織形成の手法が次のように提案されている[11]～[13]．

・セルフ・オートマトン (Cellular Automata：CA)
・L システム (Lindenmayer Systems：LS) など

これらについては，工学設計本来の目的としての形態創生の有力なソフトウェア的技術として，今後大いに利用されることが望まれる．

　以上述べた議論をもとに，生物に学ぶ工学設計技術をまとめたものが **表 6.1** である．これは，生物の世界でのものづくりの特徴から工学の世界でのものづくり法がいかにあるべきかを示したものである．大きくは，生物の世界でのものづくりの「世代交代による進化の方法」が用いられている期間を工学的ものづく

140   6. 生物に学ぶ設計法

表6.1 生物に学ぶ工学設計技術

生物の世界	生物における ものづくりの特徴 ① 変化する自然環境への適応能力・適応機能 ② 多目的・多機能な構造・組織 ③ 省資源・省エネルギーシステム ④ 構造・組織などの形態・質・量の変化 ⑤ 材料・構造などの組合せの多様化 ⑥ 機能終了時への対策	
工学（ものづくり）の世界	世代交代による進化の方法 (DNAによる方法) ↓ 多数の設計解を進化させる方法により最適解を求めること ↓ 具体的方法 GAなどの進化的方法の活用 CA, LSなどの多要素・多自由度処理方法の活用 (構造・組織形成の多様性確保) ↓ 設計・製作作業期間	世代内進化の方法 (NNやホルモン操作など) ↓ 使用条件に適応・修正できるようにすること 要素に設計情報をもたせ, 安全性を点検, それにより保守, 修理などをする ↓ 具体的方法 NNなどの使用条件を学習できる方法の活用 各部品にICタグを付け, 故障箇所の確認, 管理を容易化する方法 ↓ 機器・システム使用期間

りでは「設計・製作」の作業期間に対応させ，前者の「世代内進化の方法」が用いられている期間を後者の「機器・システム使用」の期間に対応づけて説明している．次節以降では，これらの各期間での著者が実施した生物に学ぶ工学的設計事例を紹介したい．

6.2 遺伝的アルゴリズムとその応用例

（1）遺伝的アルゴリズム[14]

前節で，生物における進化のシステムを利用する工学的手法(主として最適化の方法)が多く開発されていることを述べた．その中でも，1960年代にHolland[14]によって提案され，発展してきた遺伝的アルゴリズム(以後 GAと略す)は，その使いやすさと汎用性から，今日 実際上の多くの問題へ利用されている．そこで，ここではその概念と工学設計問題への適用例を紹介する．

GAは，生物の世代交代による染色体の進化のシステム(DNAの交差や突然変異による進化)をそのまま人工問題への解法へと利用した方法である．その具体的な流れは，**図6.3**(3章の図3.4に対応)のように，まずある問題に対して「人口(population)」と呼ばれる解の集団(染色体の集団)をつくる．次にこの染色体の集団が，それを構成している「遺伝子(string)」の「再生産(reproduction)」，「交差(crossover)」，「突然変異(mutation)」という過程を経て，考えている問題の適応度が最も高くなる解を含む集団へと進化することを期待するものである．この方法は数理科学的には一種の最適化法であるが，これまで知られている他の方法と比較して，次のような特徴を有している．

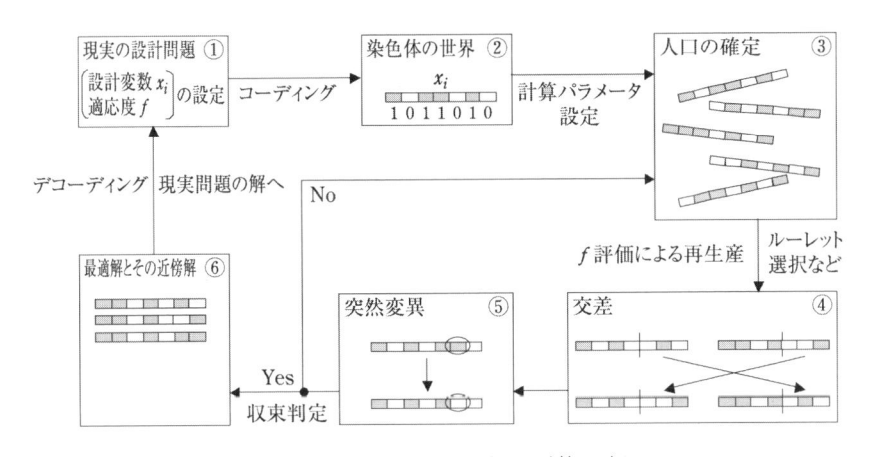

図6.3 遺伝的アルゴリズムの計算の流れ

① 解の探索には，変数を2進数などにコード化した遺伝子表示の「染色体(chromosome)」が用いられる．
② 解空間内の1点からの探索ではなく，人口と呼ばれる解集団を用いるので，多数の点からの同時探索である．
③ 解の評価には適応度(最適化問題における目的関数に相当)の値のみが用いられ，その変化としての微分値などは用いない．
④ 解を確定的に求めるのではなく，確率的な探索方法である．

以上の特徴から明らかなように，GAは与えられた問題が数理的に明確に記述できないものであっても，適応度評価さえ可能ならば解くことができる．また

多数の点からの同時探索法(**図6.4**参照)であるから,多峰性の強い問題(幾つもの山がある問題で,たとえば組合せ最適化問題など)であっても,その大域的最適解(最高峰)か,それに近い幾つかの解を見出すことができる.

ただしこの手法を用いる場合,与えられた問題をその変数のコーディングを中心とした染色体の世界へ変換することが重要である.このコーディング作業

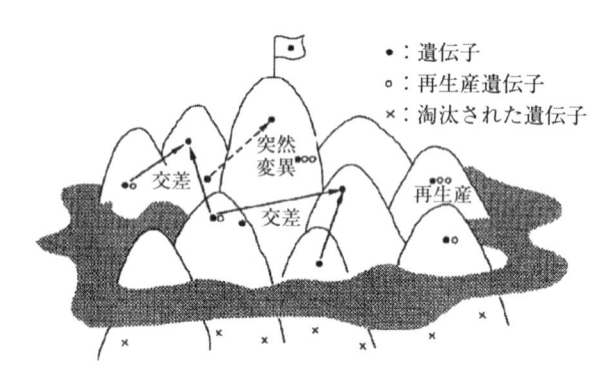

図6.4 GA法の作業状況

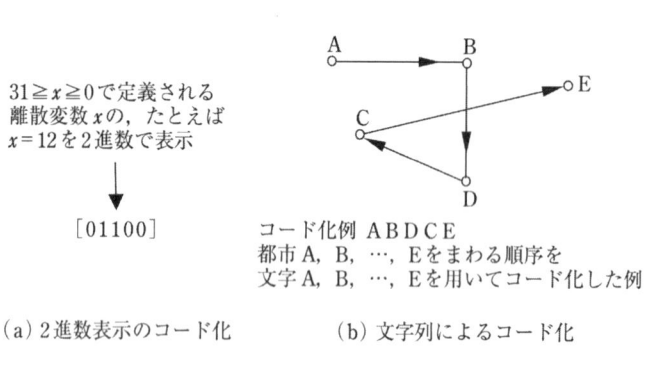

・：遺伝子
○：再生産遺伝子
×：淘汰された遺伝子

突然変異
交差
再生産

$31 \geq x \geq 0$で定義される離散変数xの,たとえば$x=12$を2進数で表示

↓

[01100]

(a) 2進数表示のコード化

コード化例 ABDCE
都市A, B, …, Eをまわる順序を
文字A, B, …, Eを用いてコード化した例

(b) 文字列によるコード化

$X = (x_1, x_2, x_3, \ldots\ldots, x_9)$
 ↓ ↓ ↓   ↓
 1, 2, 3, ……, 9

コード化例 5 3 2 4 7 8 9

(c) 多値ベクトルによるコード化

図6.5 GAにおけるコード化の例

には一般論があるわけではなく，与えられた問題に対応して工夫するしかない (**図 6.5** に，そのいくつかの例を示す) が，これが確立された後は，図 6.3 に示した「再生産」，「交差」，「突然変異」の 3 過程を繰返し行うのみで，最適解を求めることができる．これは，生物の世界での世代交代による進化の過程そのもので，GA はコンピュータを用いて，あらゆる問題を生物世界へアナロジーして進化的に解く有力な手法といえる．

（2）トラス構造物の設計 [15),16)]

いま，**図 6.6** に示すようなある与えられた荷重 P を，その荷重点から距離 d だけ離れた壁に伝達するための具体的な構造物を設計することを考えよう．この問題は，従来より「コート掛け問題」として知られているが，それを実現するための実際的構造物を考えると，設計空間が 2 次元の平面領域でも，**図 6.7** に示すように種々のものが考えられる．ここで，図 (a) は各部材がその部材軸力のみしか伝達しない，いわゆるトラス構造 (turss structure) であり，図 (b) は構成部材が曲げモーメントも伝達できるラーメン構造 (rahmen structure) である．また，図 (c)，図 (d)

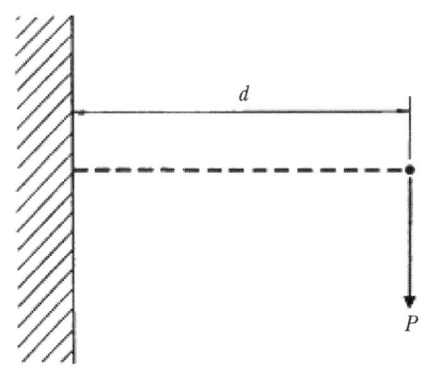

図 6.6 コート掛け問題

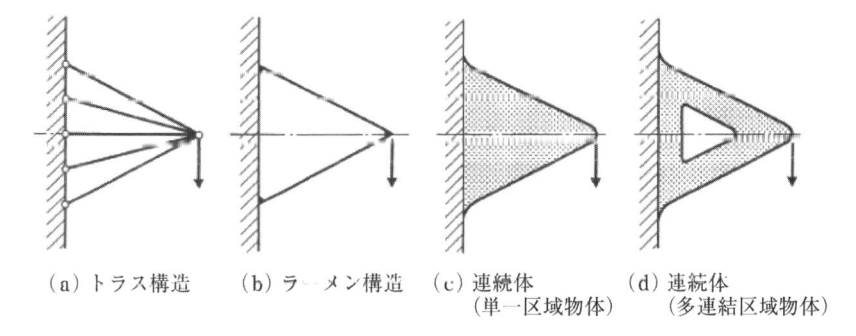

(a) トラス構造　　(b) ラーメン構造　　(c) 連続体
(単一区域物体)　　(d) 連続体
(多連結区域物体)

図 6.7 各種の構造物

は板などの2次元物体としての連続体(continuum)を用いて壁のある領域にわたって広く荷重を伝える構造である.

このように,ある設計条件を満たす構造形式にも種々のものが考えられ,それらの中からどのようなものを選ぶかは,構造設計における初期段階での最も重要な作業である.いま,図6.6の問題を2次元トラス構造で実現することにしよう.ところが,このような前提を設けても対象構造を具体的に決めることは難しいのである.それは,**図6.8**にその一例を示すように,トラス構造でも,その形態はそれを構成する総部材数と,それらが置かれる設計空間内での位置関係(構造全体の位相状態)の選定の仕方によって無限に考えられることになるからである.つまり,トラスの構造設計は,通常次のような二つの段階からなるといえる.

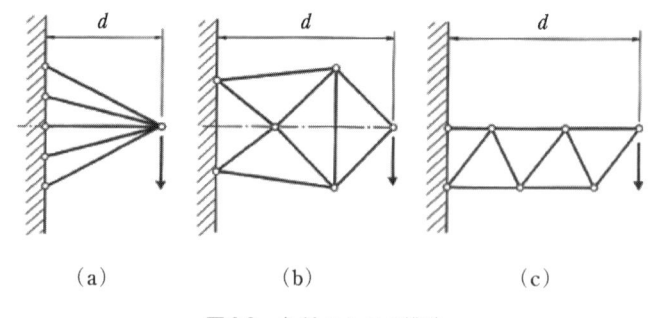

図6.8 各種のトラス構造

その一つは,構造を決める総部材数(あるいは総節点数)と,それらが占める空間での位置関係(部材の配置関係)がまず決められること(位相決定問題: topological or layout problem)である.次に,第2段階として各部材の長さや断面積などの寸法の決定(寸法決定問題: size problem)が行われなければならないということである.当然予測できるように,位相決定問題の方が寸法決定問題より難しく,またそれだけ重要である.

以上述べたトラス構造の位相決定問題に対して,前項で述べたGAがきわめて有効であることを次に示そう.まず,**図6.9**(a)に示す5節点の平面トラス構造を例に,その位相決定問題の意味とGAのコード化について説明する.一般に,節点数nのトラス構造を考えると,それらの節点間を結ぶ可能性のある部

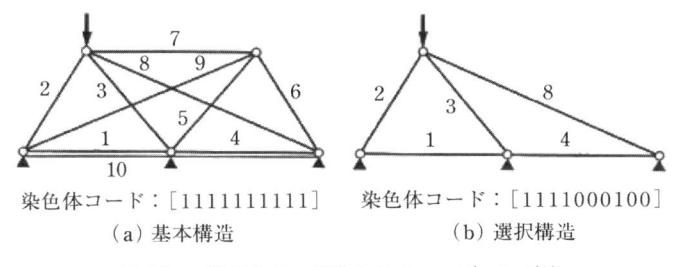

染色体コード：[1111111111]　　　染色体コード：[1111000100]
(a) 基本構造　　　　　　　　　　(b) 選択構造

図 6.9　5 節点トラス構造とそのコーディング法

材の総数は，$n(n-1)/2$ となるので，図 (a) のトラス構造の総部材数は 10 となる．この 10 部材すべてで構成された構造を基本構造と呼ぶ．ここで，実際にそれらの中の部材で，設計目的や力学的にみて真に必要なものを 1，不必要なものを 0 とするように GA の染色体を作ることにすると，図 (a), (b) の構造を示す染色体は 10 ビットの 2 進表示として次のように示される．

(a) 基本構造　［1111111111］
(b) 選択構造　［1111000100］

このように，10 ビットの 0, 1 表示の染色体によって図 6.9 での 5 節点で考えられるすべてのトラス構造を表現することができる．

さて，このように定義した染色体の適応度評価，つまり設定位相のトラス構造の評価方法を次に考える．設計問題を応力，変位制約下の最小重量設計問題と定義すると，この問題は次のように示される．

$$g_i \leq 0 \tag{6.1}$$

のもとで

$$f_j \to \min \tag{6.2}$$

ここで，f_j は染色体 j のトラス重量で，式 (6.1) は部材 i の応力あるいは変位制約条件を示す．ただし，GA では制約条件の伴う問題に対しては，これを ① 適応度関数 (目的関数) に含めて処理するか，② コーディング時にそれを考慮して処理するかのいずれかを用いる．いま，① の方法を用いるとすると，式 (6.1), (6.2) は，次のような修正目的関数として表示できる．

$$\phi_j = f_j + r \sum_{i=1}^{n} \max \langle g_{ij}, 0 \rangle \to \min \tag{6.3}$$

ここで，r はペナルティ係数であり，n はトラス部材の数である．また，解の収束性から式(6.3)をさらに次のように変換して GA 操作を行うことが多い．

$$F_j = \frac{1}{\phi_j} \tag{6.4}$$

あるいは，

$$\left. \begin{array}{l} F_j = -a\phi_j + b \\ a = \dfrac{\phi_{\text{avg}}(c-1)}{(\phi_{\text{avg}} - \phi_{\text{min}})}, \quad b = \dfrac{\phi_{\text{avg}}(c\phi_{j\text{avg}} - \phi_{j\text{min}})}{(\phi_{j\text{avg}} - \phi_{j\text{min}})} \end{array} \right\} \tag{6.5}$$

ここで，ϕ_{avg}，ϕ_{min} は ϕ_j の全人口における平均値と最小値，c は定数である．また，式(6.5)は GA 探索での初期世代における染色体間での適応度の差を小さくし，淘汰による集団の急激な変更を緩和するための変換関数である．

さらに，本問題での適応度評価には，種々のトラス構造の応力・変形解析が必要で，これには FEM を用いるが，その選択された構造によっては，剛性マトリックスが特異となったり，軸力のない部材をもつ構造が生ずる．このような場合，前者に対しては適応度を 0 に，後者に対してはそのような部材を取り除くようにコードを修正する必要がある．図 6.10 に，このような計算の流れを示す．

さて，以上のコード化および計算方法を用いて先の「コート掛け問題」の一種としての図 6.11 に示すような設計空間が 9 節点からなるトラス構造の位相決定問題を考える．ただし，負荷節点(節点 8)に次の変位制約を課すことにした．

$$u_8 \leq u_0 = 0.015 \text{ mm} \tag{6.6}$$

さらに，部材のヤング率は 21 000 kgf/mm^2 とした．また，部材の断面積をすべて同一とすると，トラス構造であることよりその部材の断面積 A と変位 u_8 との間には比例関係が成立し，その関係から先述の制約条件を満たす断面積 A_0 が次のように一義的に決定できる．

$$A_0 = A \frac{u_0}{u_8} \tag{6.7}$$

したがって，トラス重量は断面積を A_0 として求め，これより f, ϕ, F などを計算した．また GA の計算は，次の三つの条件の内のいずれかが満足されたとき終了することにした．

① 人口集団の上位20％が同一の染色体で占められる．
② 5世代交代しても，よりよい解が得られない．
③ 世代数が100を超える．

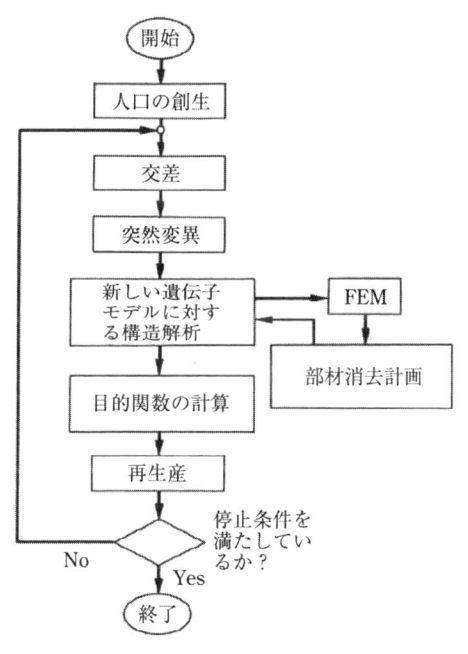

以上の条件で，人口数 N，淘汰の割合 P_r，交差率 C_r および突然変異率 M_t などを種々変化させて GA 操作を行った．**図6.12** は $N = 70$，$P_r = 50\%$，$C_r = 50\%$，$M_r = 1\%$ として計算した結果得られた最適解 (No.1)，選択可能解 (No.2〜No.4) を示す．ここで，選択可能解とは適応度 f が最適解の 1.25 倍以内の解を意味している．このように，GA ではたとえ最適解が得られない

図6.10 GA 法の計算の流れ

場合でも，多数の選択可能解が常に得られることが大きな長所ともいえる．またこれらのトラス構造を見ると，その部材本数は総部材数 36 本の中からモデル No.1 で 8 本，No.2 で 10 本，No.3 で 10 本，No.4 で 2 本の選択で位相を構成している．しかも，これらの中で No.1 の f が最小である．このことは，単に部材本数が少なければよいという簡単なものではなく，トラス構造の位相設計法の難

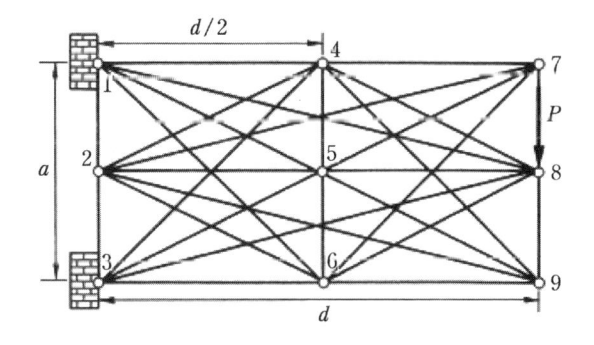

図6.11 9節点トラスとその基本構造 ($d/2 = 100\,\mathrm{mm}$, $P = 1\,\mathrm{kN}$)

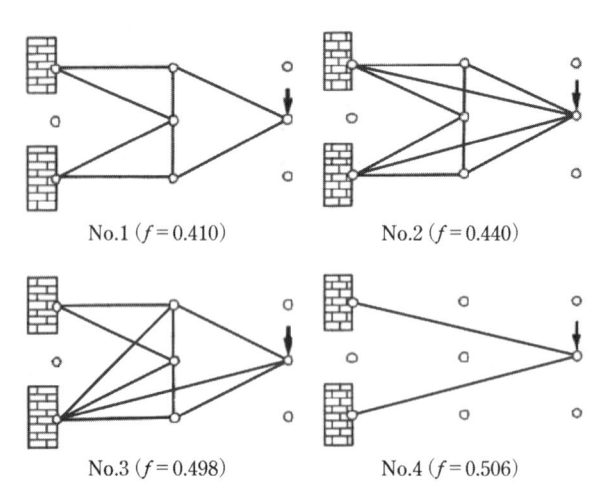

No.1 ($f = 0.410$)　　　　No.2 ($f = 0.440$)

No.3 ($f = 0.498$)　　　　No.4 ($f = 0.506$)

図 6.12 最適および選択可能トラスの例

しさを示している．したがって，それだけ GA の有効性も評価される．

次に，この問題に対する人口数 N を変化させたときの選択可能解を得る確率と，そのための計算労力との関係，すなわち GA 探索上での計算技術指針を明らかにしたい．**図 6.13** は，それを示すものである．これは，$P_r = 50\%$，$C_r = 50\%$，$M_r = 1\%$ と固定し，まず N を 10〜100 に変化させたモデルを設定し，各モデルについてそれぞれランダムにつくった初期集団 100 個に対する GA 試行結果を求めたものである．つまり，これら 100 個が上述の終了条件を満たしたとき，その内の幾つが選択可能解を算出したかで，信頼性指標が計算される．一方，終了時での 100 個の集団の総関数評価回数を 100 で

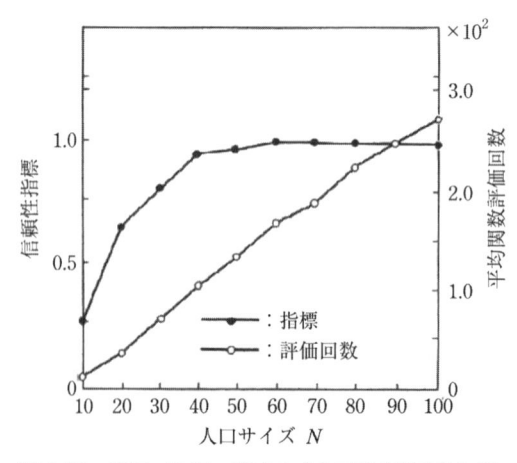

図 6.13 選択可能解の算出確率と平均関数評価回数

表6.2 評価関数式(6.4), (6.5)の効果

人口サイズ	信頼性指標	平均関数評価回数
$F_j = 1/\phi_j$	0.77	155.15
$F_j = -a\phi_j + b$	0.96	136.06

人口数 50,　淘汰比率 50％,　交差比率 50％,　突然変異率 1％

割ったものを平均関数評価回数と定義している．図より，N が増大するにつれて関数評価回数は線形に増大するのに対し，信頼性指標は一定値に近づくため，あまり N を大きくすることは得策ではないことがわかる．

表6.2は，先の修正目的関数としての式(6.4), (6.5)の効果を調べたものである．これから，式(6.5)の方が，最適解を得る信頼性とそのための計算労力に優れていることがわかる．

6.3 セルラ・オートマトンとその応用例

(1) セルラ・オートマトン

生物のあらゆるものがすべて細胞から構成されていることは，既に幾度も述べてきた．しかし，われわれの生体に限定しても，その構成細胞の数は40～50兆のオーダになる膨大なもので，それらの位置，役割などを決める情報量がすべて DNA に書き込まれているとは考えにくい．つまり，DNA は形態形成に対して，ある程度大まかな枠組を規定しているだけで，細胞はそれぞれの置かれている状況のもとで自主的に活動していると考えた方が自然である[17]．このことにより細胞が自律的に同種・異種の認識・選別を行い，それに従って分裂・増殖・死滅などを繰り返して，より次元の高い組織や器官をつくっていると推定される．このような生物の形態形成に対する細胞の役割を Von Neuman は数学モデルとして抽象化した．その後，そのアイディアは S. Ulam によって確立され，今日広く用いられるようなセルラ・オートマトン (Celluler Automata : 以後 CA と呼ぶ) の理論が確立された[18),19)]．

さて CA は，それぞれ独立した要素が **図6.14** に示すように細胞状に配置されたものであり，個々の要素はそれらが取り得る有限個の状態の中の，ある状態にあるとみる．そして各要素の状態は，離散的な時間の進行とともに，近傍要素の状態によって同時に更新されていく．このような CA の状態更新の特徴は，

次の三つの特性にまとめられる[20].
(1) 各要素の状態の更新は，離散的な時間の進行とともにすべての要素で同時に行われる．
(2) ある時間ステップでの近傍要素の状態によって次の時間ステップでの注目要素の状態が決定される．

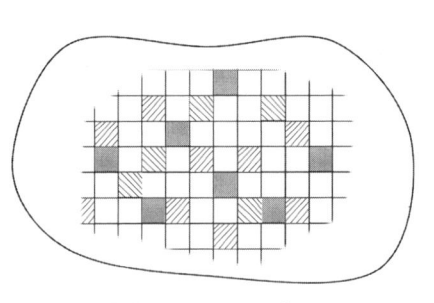

図6.14 CA のモデル

(3) 状態変化は規定された遷移関数 (transition rules, あるいは局所ルール： local rules とも呼ばれる) に従う．

ここで近傍要素とは，2 次元の場合，**図6.15** に示すようにある注目要素を中心とした周囲の要素 (図示のものより外側の要素を加えてもよい) のことである．このような CA の各要素の状態更新は，一般的に次のように示される．

$$C^{[t+1]} = F(N^{[t]}), \quad \text{ただし } C = (S_1, S_2, \cdots, S_n) \tag{6.8}$$

ここで，C は注目要素の状態，F は遷移関数，N は近傍要素の状態，S は要素の選べる状態，t は時間ステップ数，n は状態の数である．

以上の CA の概念の理解のために，次の例題を考えよう．
① セルの状態 … 0 または 1
② 近傍要素 … 1 次元的に隣接する二つのセル
③ 局所ルール … **表6.3** に示すもの

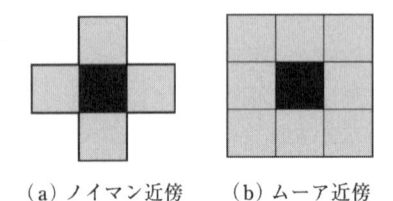

(a) ノイマン近傍　(b) ムーア近傍

図6.15 2 次元 CA の近傍要素の種類 [辺が接する上下左右の 4 個のセル〔図(a)〕，さらに角が接する 4 個を加えた 8 個のセル〔図(b)〕]

表6.3 局所ルールの例 (網掛けの数字が注目要素)

0 0 0 → 0	0 0 0 → 0
0 0 1 → 1	0 0 1 → 1
0 1 0 → 1	0 1 0 → 1
0 1 1 → 0	0 1 1 → 0

```
時間 0 : . . . . . . . . . . 1 . . . . . . . . .
時間 1 : . . . . . . . . . 1 1 1 . . . . . . . .
時間 2 : . . . . . . . . 1 . . . 1 . . . . . . .
時間 3 : . . . . . . . 1 1 1 . 1 1 1 . . . . . .
時間 4 : . . . . . . 1 . . . . . . . 1 . . . . .
時間 5 : . . . . . 1 1 1 . . . . . 1 1 1 . . . .
時間 6 : . . . . 1 . . . 1 . . . 1 . . . 1 . . .
時間 7 : . . . 1 1 1 . 1 1 1 . 1 1 1 . 1 1 1 . .
```

図 6.16 1次元セルの時間的変化(・は0を意味する)

これに従って，中央に状態1の1個のセルがある1次元的なモデルは，**図 6.16** のように時間的に変化することがわかる．

このように，CA は対象とする組織の全体状態の情報がなくとも，自己の周囲の状態のみを入力とする局所ルールに従い，その組織の自己形成を行う．したがって，巨大な情報を取り扱う必要がなく，局所ルールさえ決定すれば，それを利用することで大規模な問題も比較的容易に処理することができる．一方，CA によって創生されるパターンは，その初期状態と局所ルールによって複雑に変化する．この CA の発生パターンの複雑な挙動について，Wolfram は **図 6.17** に示すような四つの状態に分類できると述べている．すなわち，(a)固定した均質な状態，(b)単純で分離した周期構造，(c)カオス的(予測困難な非周期的変動)パターン，(d)局所化された構造の複雑なパターンである．しかも，この(d)のパターンが生命と関係していると考えられている．

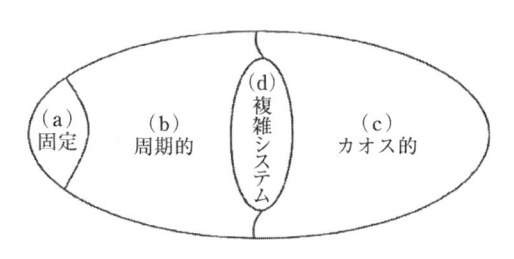

図 6.17 CA の発生パターンの種類

図 6.18 は，先の例題のような1次元セル状態での両隣の，さらに1個先まで考慮した場合の，初期状態の変化によって生ずる上述の4パターンを示したものである．

（2）複合材料の材料組織の最適化[21]

5章の「生物のものづくりの特徴」で，生物が「材料・構造などの組合せの多様化」によって種々の多機能性を発現していることを述べた．これは，現在最先端の材料設計技術の一つとして注目されている複合材料に関する各種技術よ

152   6. 生物に学ぶ設計法

(a) クラス1（固定的）　　(b) クラス2（周期的）

(c) クラス3（カオス的）　　(d) クラス4（複雑）

図6.18　1次元CAによって得られるパターンの種類

りもはるかに高度な技術を生物自身が実践しているとも解釈できる．それでは，生物がある目的や条件に対応した最適な材料組織をどのようにしてつくり出しているのであろうか．ここでは，そのメカニズムまでには到達できないが，ここで述べたCAと前節で紹介したGAとを組み合わせること(これを進化的セルラ・オートマトン：Evolutionary Cellular Automata，略してECAと呼ぶ)によって，複合材料の材料組織の最適化が可能なことを示そう．

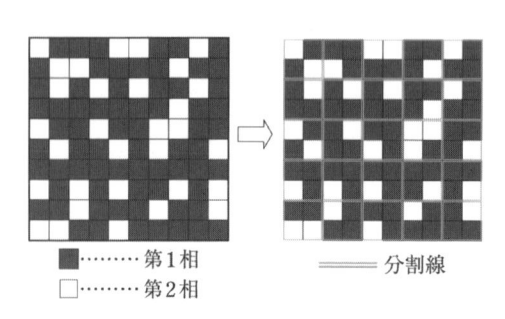

■……第1相　　　　━━━━分割線
□……第2相

図6.19　2成分系複合材料モデルとそのブロック分割

幾つかの成分から構成されている複合材料を考える．この材料の特性は，それら構成成分の含有率が一定でも，その分布の仕方，すなわち傾斜分布など，その分布形態によって大きく変化する．このような分布形態の最適化を複合材料の材料目的に対応して行う方法を考える．

まず例として，複合材料を CA モデルに対応して**図 6.19** に示すように，2 成分系で，それぞれの材料が基本的な正方形セルであるとし，それらの集合体と考える．ここで構成成分の含有率を一定とすると，いかなる CA の局所ルールを用いても，時間変化とともに，その

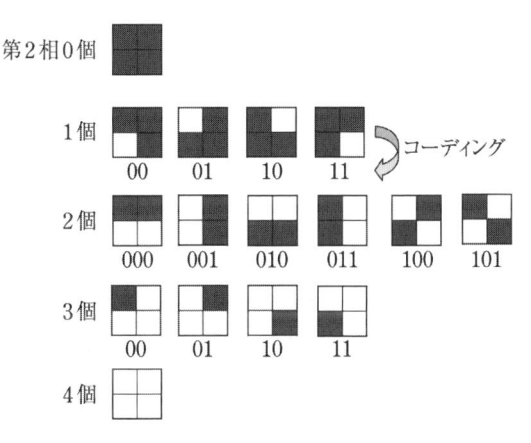

図 6.20 第 2 相数別配置パターンとその染色体

含有率も変化するので含有率一定の条件は守れなくなる．そこで，図示のように対象モデルを 4 個のセルを一つのブロックとするブロックセルの集合と考える．すると，この各ブロック内での第 2 相成分の移動，すなわち第 2 成分の配置のみを変化すれば，含有率一定のもとで最適な第 2 成分の分布パターンが得られる可能性が出てくる．この方法はブロックセルの領域内ではあるが，生物の細胞移動をアナロジーした CA ともいえる．

さて，4 個のセルからなるブロックセル内での第 2 成分の配置(移動)パターンは，その 4 セル中に占める第 2 相成分数によって**図 6.20**に示すように種々考えられる．たとえば，4 セル中，2 個が第 2 相成分の場合 6 種の配置パターンが考えられることになる．このような第 2 相成分数別に考えられる配置パターンを**図 6.21**のように GA の染色体へと表現すると，1 個の染色体がブロックセル内の第 2 相成分の配置を決めるルールとなる．したがって，GA により多数の染色体群をつくり，複合材料の目的に従い，それらを進化させれば，最適なルールが求まり，それに対応して最適な材料の分布パターンも得られることになる．ただし，この方

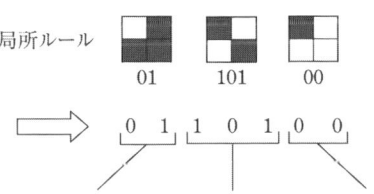

図 6.21 GA 染色体で表された局所ルール

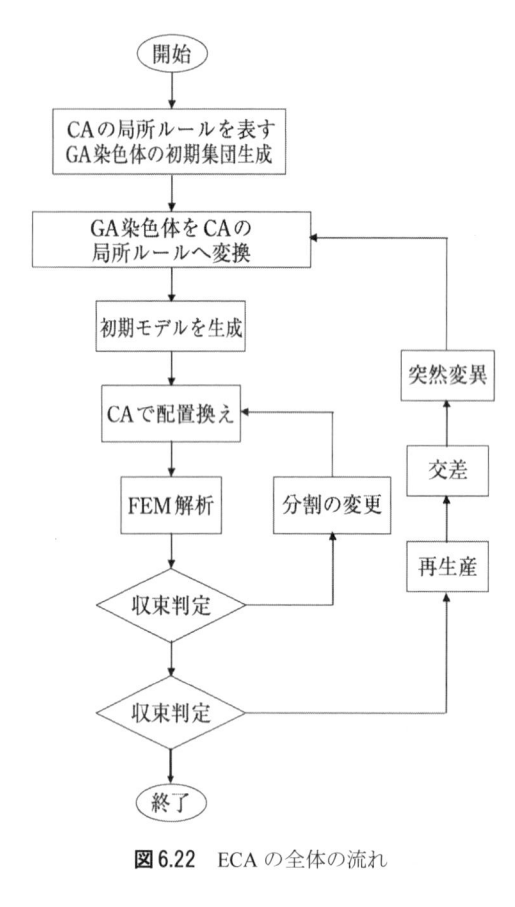

法では任意に決められた初期の複合材料モデルでも，ブロックセルの分割の仕方が探索能率に大きく影響するので，ブロックセルの分割の仕方を縦・横に1セルずつ移動させ多様化を図るような方法を用いている．**図 6.22** に，この方法の全計算の流れを示す．

さて，上述の ECA を用いて，**図 6.23** に示すような 30 × 30 の正方形要素からなる 2 次元平板の複合材料モデルの組織の最適化を試みよう．この平板上端に一様分布荷重 $P = 100\,\mathrm{MPa}$ を加え，構成材料の第 2 相成分の含有率 V_c を一定に保ちながら，上端全節点の Y 方向変位の平均値 δ_{avg} が最小または最大となる材料組成 (第 2 相分布) を求める．

図 6.22 ECA の全体の流れ

以下，この問題を最大剛性および最小剛性設計問題と呼ぶ．なお，これらの問題の目的関数および制約条件は次のように示される．

目的関数：$\delta_{\mathrm{avg}} \to \min$ または $\max$ (6.9)

制約条件：$V_c = \mathrm{cost}$ (6.10)

ここで，構成材料は，最大剛性設計問題ではエポキシ樹脂にカーボンナノチューブを加えた繊維強化複合材料を，また最小剛性設計問題では鋼に空孔を加えた焼結材料を想定している．それらの材料特性を **表 6.4** に示す．なお計算上，空気に対して，そのヤング率，ポアソン比にわずかな値を与えている．FEM 解析では，モデル上端部の変位の一様性を考え，最上層に剛性の高い層を加え，最

$P = 100\,\mathrm{MPa}$

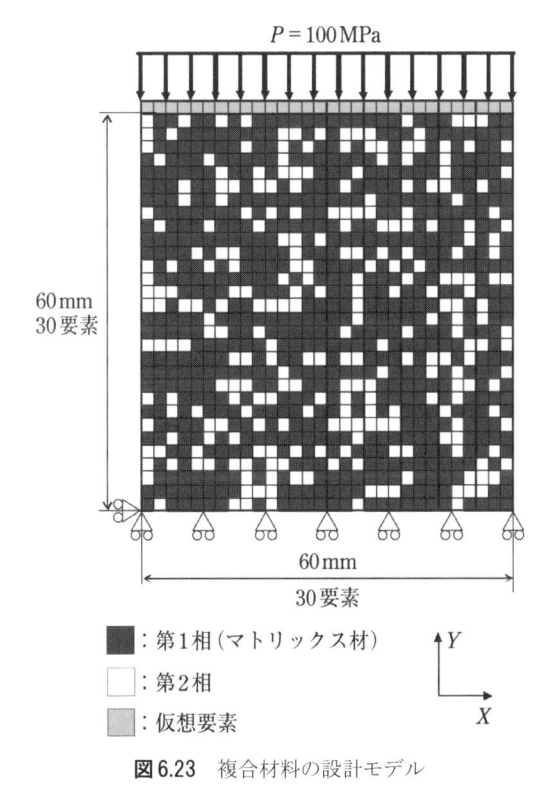

60 mm
30要素

60 mm
30要素

■：第1相（マトリックス材）
□：第2相
▨：仮想要素

図6.23 複合材料の設計モデル

表6.4 材料定数

設計問題	材料	ヤング率, GPa	ポアソン比
最大剛性	エポキシ樹脂	3.5	0.34
	カーボンナノチューブ	380	0.20
最小剛性	鋼	206	0.30
	空気	0.103	0.10

下端はY方向変位拘束，その左端節点のみX方向も変位拘束した．

$V_c = 0.3$（第2相材の含有率30％）のもと，上記モデルにECAを適用して，まず最大剛性設計問題を解いた．**図6.24**と**図6.25**に，その得られた世代別変位〔最小変位$(\delta_{\mathrm{avg}})_{\min}$と人口の平均変位$\delta_{\mathrm{avg}}$〕の変化と世代別の材料配置を示す．

図6.24より，δ_{avg}ははじめ約0.8 mmであったものが第10世代付近から0.2〜0.6 mmの間を変動推移している．また図6.25より，材料配置は(a)の全域ランダムなものから(d)へと世代が進行するにつれ，カーボンが縦に連続して並ぶよ

156　6. 生物に学ぶ設計法

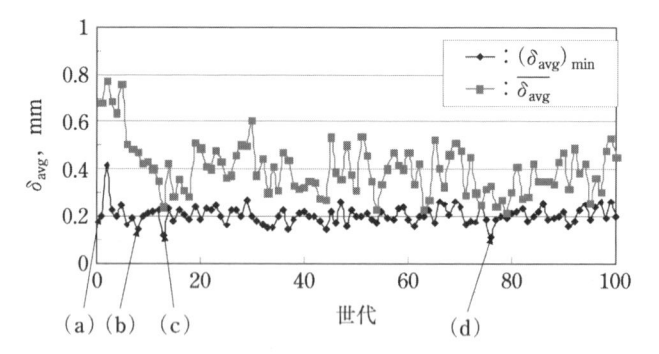

図 6.24 最大剛性設計問題〔世代ごとの変位最小値 $(\delta_{avg})_{min}$ と平均変位 $\overline{\delta_{avg}}$ の推移〕

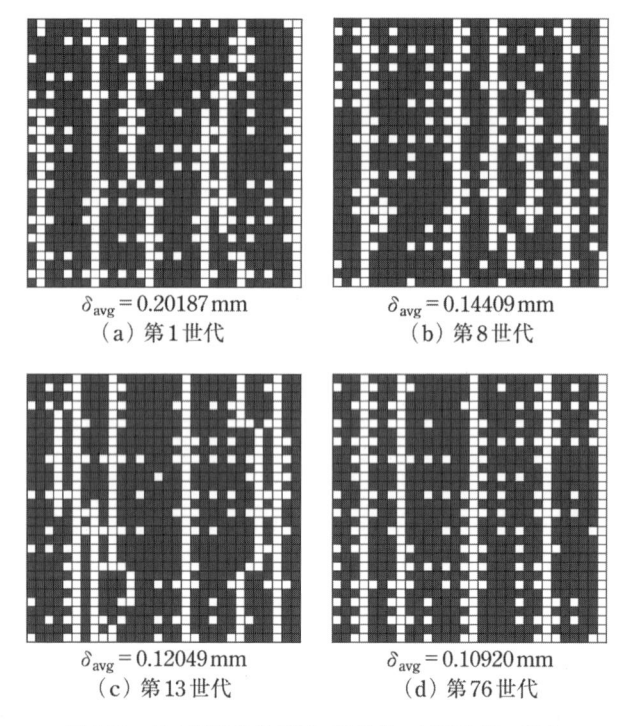

$\delta_{avg} = 0.20187\,\text{mm}$
（a）第1世代

$\delta_{avg} = 0.14409\,\text{mm}$
（b）第8世代

$\delta_{avg} = 0.12049\,\text{mm}$
（c）第13世代

$\delta_{avg} = 0.10920\,\text{mm}$
（d）第76世代

図 6.25 最大剛性設計問題（各世代の材料配置の変化）

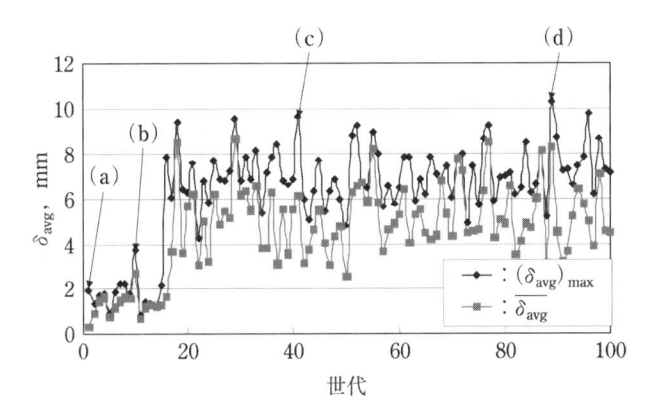

図 6.26 最小剛性設計問題〔世代ごとの変位最大値 $(\delta_{avg})_{max}$ と平均変位 δ_{avg} の推移〕

うに移動していることがわかる．しかも，その上，下に連続した本数が多いほど，剛性が高くなることも明らかである．

一方，$V_c=0.3$ での最小剛性設計問題の世代別変位〔最大変位 $(\delta_{avg})_{max}$ と人口の平均変位 δ_{avg}〕と材料配置の変化を**図 6.26** と**図 6.27** に示す．図 6.26 より，$(\delta_{avg})_{max}$, δ_{avg} ともに第 16 世代付近を境に，これらが急激に大きくなっていることがわかる．これは，第 1〜15 世代での局所ルール群に GA での突然変異や交差の操作によって より進化したルールが生れたことを意味している．また図 6.27 に注目すると，先の最大剛性設計問題のカーボン配置とは対照的に図(a)から図(d)の最適解に近づくに従い，空孔が横に連なっていくのがわかる．これは，剛性の低い要素が，荷重方向と直交するかたちで配置されることが全体の剛性を低下させることを意味しており，力学的にも妥当なものと考えられる．

以上で述べたように，CA では対象領域をセルに分割し，その初期条件と簡単な局所ルールを与えるのみで複雑で多様なパターンを創生することができる．

このことから，特に局所ルールが物理的・化学的法則によって前もって明らかな場合には，CA は各種現象のシミュレーション (火災，人口予測，物質の反応，拡散など) に応用されている[22]．また局所ルールが不明確でも，上述の例のようにこれを GA 染色体に置き換え，進化的にルールを求めて CA を利用することが可能であり，その工学での利用範囲は広い．

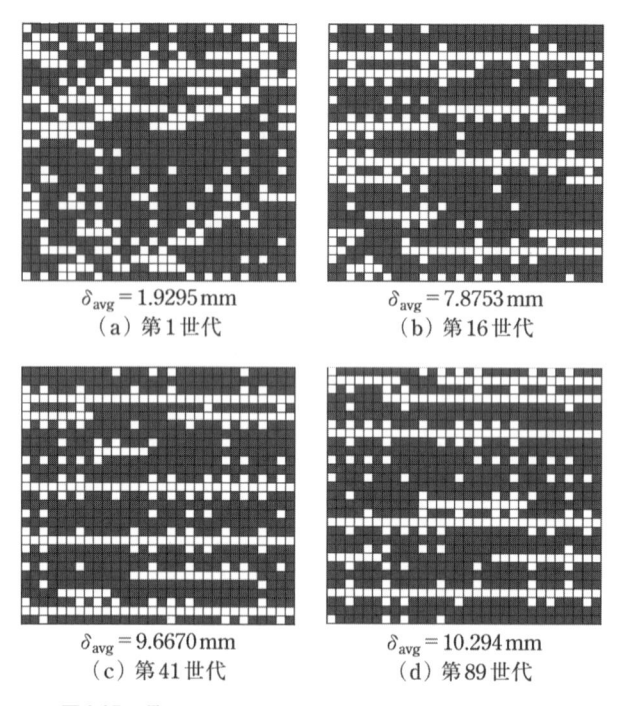

$\delta_{\mathrm{avg}} = 1.9295\,\mathrm{mm}$
（a）第1世代

$\delta_{\mathrm{avg}} = 7.8753\,\mathrm{mm}$
（b）第16世代

$\delta_{\mathrm{avg}} = 9.6670\,\mathrm{mm}$
（c）第41世代

$\delta_{\mathrm{avg}} = 10.294\,\mathrm{mm}$
（d）第89世代

図6.27 最小剛性設計問題 (各世代の材料配置の変化)

6.4 Lシステムとその応用例

（1）Lシステム

　生物の形態形成が，細胞の分裂・増殖やアポトーシス機能などによることは既に述べた．Lシステムとは，それら機能が発現する際の細胞内での複雑な挙動には触れず，その外見的な挙動のみに注目した形態発生システムである．Lindenmayer が提案したその考え方は，形態形成に関連する細胞のタイプのセット Σ，出発点となる細胞 ω，細胞の書き換え規則 P の三つである．すなわち，(Σ, P, ω) で定義されるシステムが L システム (Lindenmayer System：以後，略して LS とする) である[11]．

　たとえば，(Σ, P, ω) が**図6.28**で与えられるとする．すなわち，形態形成に関連する細胞のタイプが 1～8 までの 8 個あり，それらがそれぞれ次の時間にどのようになるのかを示す規則 P (図示のルールでは細胞 1, 2, 3, 7 のみが分裂増

6.4 Lシステムとその応用例   159

殖し，ほかは変化しないものとしている），そして出発点細胞を細胞1と定義している．このLSによれば，細胞1を出発点として**図6.29**のような形態が生ずることになる．これは，紅藻の一種であるcallithamnion roseumの発生の様子を示しており，LindenmayerがLSを発案した根拠ともいわれている．

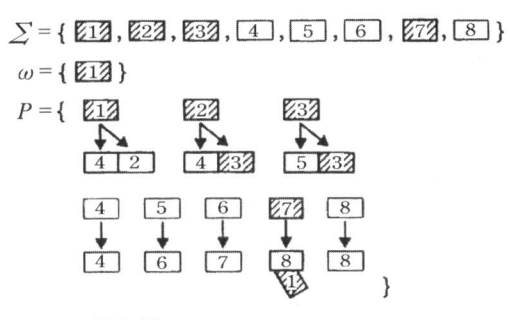

$\Sigma = \{ \boxed{1}, \boxed{2}, \boxed{3}, \boxed{4}, \boxed{5}, \boxed{6}, \boxed{7}, \boxed{8} \}$
$\omega = \{ \boxed{1} \}$
$P = \{ \boxed{1} \rightarrow \boxed{4}\boxed{2} \quad \boxed{2} \rightarrow \boxed{4}\boxed{3} \quad \boxed{3} \rightarrow \boxed{5}\boxed{3}$

$\boxed{4} \rightarrow \boxed{4} \quad \boxed{5} \rightarrow \boxed{6} \quad \boxed{6} \rightarrow \boxed{7} \quad \boxed{7} \rightarrow \boxed{8} \quad \boxed{8} \rightarrow \boxed{8}$
$\phantom{\boxed{4} \rightarrow \boxed{4} \quad \boxed{5} \rightarrow \boxed{6} \quad \boxed{6} \rightarrow \boxed{7}} \boxed{1} }\}$

図 6.28 Lシステムのルールの一例

さて，以上のLSを用いれば，連続性を保ちつつも各所で分岐した複雑な形態や，それらの各部での材料構成の多様化も細胞セットを変化させることで可能となる．ただし最も重要で

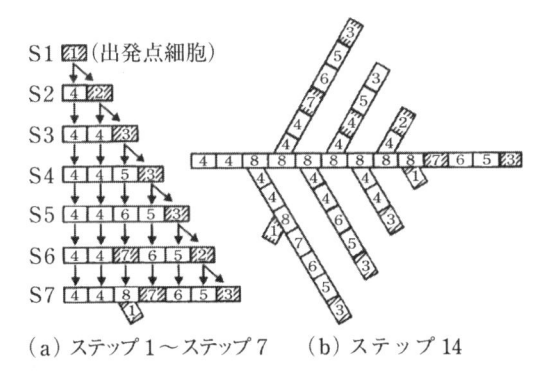

S1 ①（出発点細胞）
S2 ④②
S3 ④④③
S4 ④④⑤③
S5 ④④⑥⑤③
S6 ④④⑦⑥⑤③
S7 ④④⑦⑥⑤③

(a) ステップ 1 〜 ステップ 7　　(b) ステップ 14
図 6.29 紅藻の形態形成

あるが，難しいことは，与えられた問題に対し，細胞の書き換え規則Pをいかに決めるかである．そこで，ここでも先のCAの場合と同様，GAを利用することでLSが有効な方法となることを次に例題を通して説明したい．

（2）平板の形態設計[73]

6.2節ではトラス構造物の位相設計の例を挙げたが，ここでは平板のような連続体について，その力学的に最適なかたちの求め方をLSとGAを用いて示そう．問題として，**図6.30**(a)に示すような1辺が壁に固定され荷重F_1, F_2を伝達する平板を考える．具体的には，この平板に発生する応力を材料の許容応力以下に止めながら，その重量を最小とする平板の形を決めるものである．方法としては，まずその平板の占める領域を図(b)に示すように，荷重点F_1, F_2を通る正方領域以内と仮定し，それを10×10の要素(細胞)に分割する．各要素の板厚t_{ij} (i,

160   6. 生物に学ぶ設計法

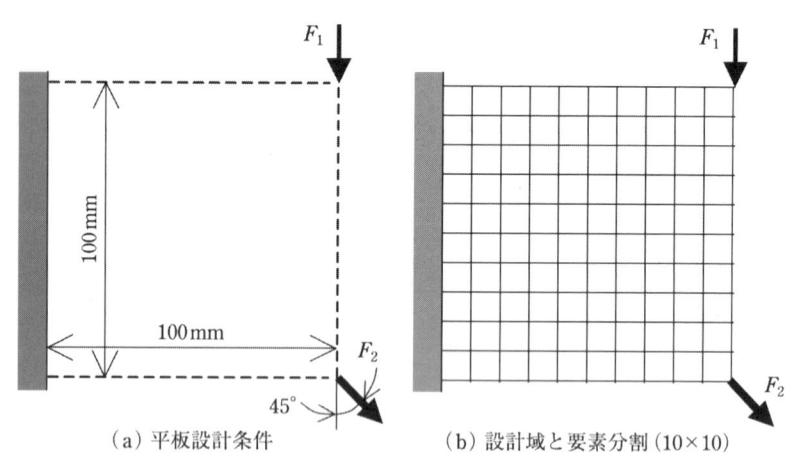

図 6.30 (a) 平板設計条件／(b) 設計域と要素分割 (10×10)

図 6.30　平板の設計モデル

$j=1,2,\cdots,10$) は 10 mm と 1 mm のいずれかが選択できるものとすると，この問題は次のように示される．

$$\left.\begin{array}{ll}\text{設計変数} & t_{ij}\ (i,j=1,2,\cdots,10)\\ \text{目的関数} & W\to\min\\ \text{制約条件} & \sigma_{ij}<\sigma_a\end{array}\right\} \qquad (6.11)$$

ここで，W は平板の重量，σ_{ij} は要素に生ずる応力，σ_a は材料の許容応力 (19.6 MPa) である．

さて，次にこの問題に対する (Σ, P, ω) であるが，複雑な形態の創生を可能とするため，細胞のタイプを多くして図 6.31 のように決める．ここで，増殖可能な細胞としての A～F については，増殖時に図 6.32 に示す 4 種類の増殖方向から一つを選択し，新しい三つの細胞を周囲に増殖する．この際，増殖した細胞が 10×10 要素の設計領域を超えた場合はそれを無視し，設計領域内の増殖が終了したとき計算を終了する．ここで，図 6.31 の細胞の書換え規制 P の GA 染色体への表示であるが，図中の $Y_k\ (k=1,2,\cdots,18)$ は，Σ で定義される八つの細胞のいずれかが選択されるので，2 進表示の染色体であればそれぞれ 3 bit の遺伝子が必要である．

また，A～F の細胞の増殖方向は図 6.32 の 4 方向から選択するので，それぞれ 2 bit の遺伝子が必要である．したがって，合計 66 bit (3 bit × 18 + 2 bit × 6) の染

6.4 Lシステムとその応用例

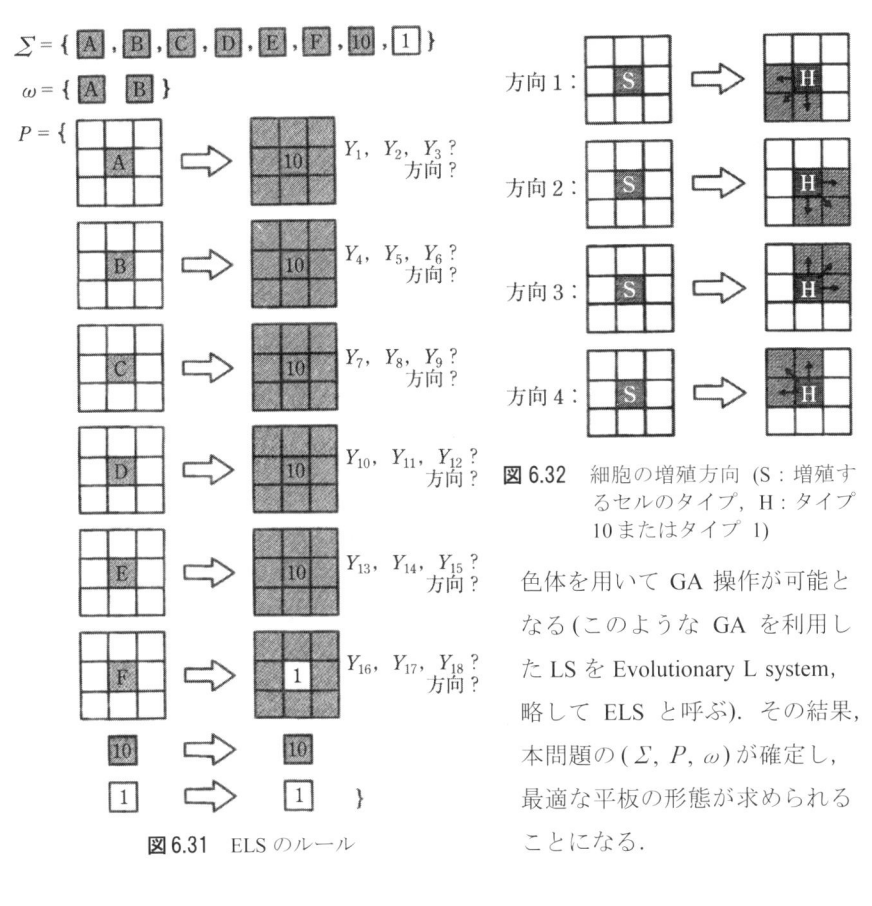

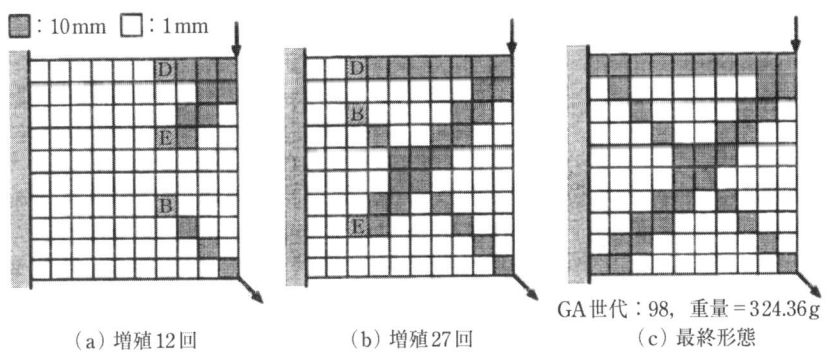

$\Sigma = \{$ A, B, C, D, E, F, 10, 1 $\}$
$\omega = \{$ A B $\}$
$P = \{$ ...

図6.31 ELSのルール

図6.32 細胞の増殖方向 (S：増殖するセルのタイプ，H：タイプ10またはタイプ1)

色体を用いてGA操作が可能となる(このようなGAを利用したLSをEvolutionary L system, 略してELSと呼ぶ). その結果, 本問題の(Σ, P, ω)が確定し, 最適な平板の形態が求められることになる.

(a) 増殖12回 (b) 増殖27回 (c) 最終形態
GA世代：98, 重量 = 324.36g

図6.33 ELSによる平板の最適形態とその過程

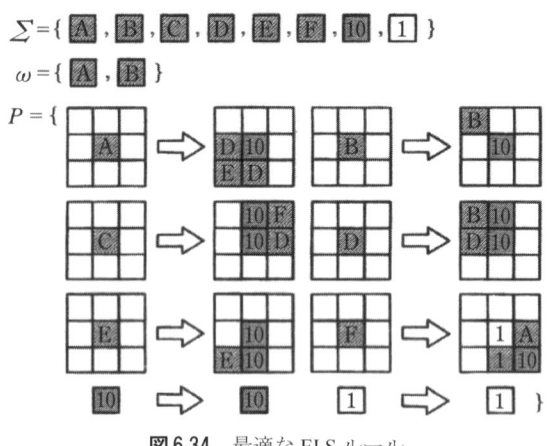

$\Sigma = \{ A, B, C, D, E, F, 10, 1 \}$
$\omega = \{ A, B \}$
$P = \{$ ... $\}$

図 6.34 最適な ELS ルール

　実際の計算では，出発点として F_1, F_2 の荷重点を選び，それらにタイプ A, B の細胞を置いた．求められた最適な平板の形態を **図 6.33** に，またそのときの LS 則を **図 6.34** に示す．図 6.33 は，図 6.34 の LS で最終的に得られる過程を含めて示しており，このように荷重点 2 箇所から出発した細胞が独自に成長し，中央で交わった後も効率的に厚さ 10 mm の要素を配置していくのがわかる．

　上記の例題からもわかるように，ELS は特に複雑な連続体の創生に威力を発揮する．著者らは，その特徴を利用して，一つの連続体でありながら，ある種の機能を有する物体(これを Functional Continuum：機能的連続体と呼んでいる)の創生にこの方法を用いている．**図 6.35** に，これによって得られたマイクログリッパの試作品とその圧電アクチュエータを含めた実装状態のものを示している[24]．

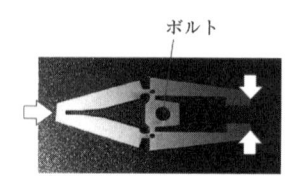

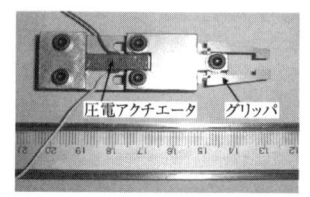

(a) 製作したグリッパ　　(b) 実装したグリッパ
図 6.35 製作したマイクログリッパ

6.5 ニューラルネットワークとその応用例

6.2節で遺伝的アルゴリズム，6.3節でセルラ・オートマトン，6.4節でLシステムについて述べた．これらは，すべて「生物におけるものづくり」の立場からは，世代交代による進化を利用したもので，表6.1における「工学的ものづくりの世界」で見ると，その設計・製作作業に貢献する技術といえる．一方，ここで述べるニューラルネットワークは，ハード的に完成した製品に知能を付加する技術に相当するもの，つまり生物では世代内進化の方法に対応しているものである．

（1）ニューラルネットワーク[20]

ニューラルネットワーク(Neural Network：NN，以後NNと略す)については，既に5.3(3)項で，「多目的・多機能性を支えるシステム」としてその基本理論を述べた．そこで，ここではそれとの重複を避け，NNがどのような特性を有し，したがってどのような分野へ応用可能なのかを中心に記述したい．

ニューロン(脳細胞) 1個の特性は単に多入力・1出力の非線形素子であるが，これが集合してネットワークを構成すると，興味深い特性を有することがわかっている．この組合せの構造としては，大きく次の二つがある．

① 階層型(フィードホワード型)NN
② 相互結合型NN

図6.36(a)に，階層型NNの一例を示す．このNNは，図示のとおり入力層と出力層，その間に中間層のあるもので，この中間層は幾つあってもよい．このNNは基本的特性として学習効果を有しており，そのためパターン認識・制御・予測・予知などに関連した事象の問題への適用ができる．一方，図(b)に相互結合型NNの一例を示す．このNNは入・出力層の区別がないものであるが，これ全体が有するある種のエネルギーを定義でき，これがNNの活動とともに最小化することがわかっている．そこで，これに考えて

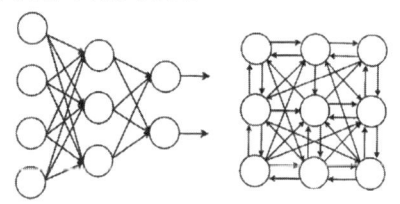

(a) 階層型NN　　(b) 相互結合型NN

図6.36 神経回路網の典型的な二つの構造

いる問題の目的関数をアナロジーできる最適化の解法に利用されている[25]．

以上述べた構造のNNのほかに，フィードバック機構を有する階層型タイプや，①,②が複合したタイプなど種々のものがあり，それぞれ特有の分野で利用されている．**表6.5**に，このようなNNの利用分野を示す．

表6.5 ニューラルネットワークの応用分野

分野	応用例
パターン認識	文字認識 (印刷文字認識，手書き文字認識)
	音声認識 (音韻認識，単語認識)
	画像認識 (表情認識，物体認識)
制御	ロボットのアーム制御
	最適制御
	自律ロボット
	ネットワーク制御
診断	故障診断
	医療診断
	製品診断
予測・予知	需要予測 (市場予測，電力需要予測)
	システムの異常予知 (機器類の故障原因予知など)
	経済予測 (株価予測など)
最適化	部品配置
	意志決定
	ポートフォリオ最適化
信号処理	情報圧縮 (画像信号，心電図)
	信号前処理
	画像復元 (雑音や ひずみの除去)
その他	材料特性表示
	味覚判断
	ヒューマンインターフェース
	知識処理
	連想データベース

(日本機械学会編「適応化・知能化・最適化法」技報堂出版より)

（2）知的ピッチングマシンの開発[26]

著者らは，階層型NNが学習機能を有し，それによって多入力-多出力間の補間関数を自動的に創生する能力に注目し，新型の野球用ピッシングマシンを試作した．**図6.37**と**図6.38**に，その構造・制御システムと外観を示す．ボールは，発射位置周りに120°間隔でY字型に設置された3個のゴム製のローラとの摩擦力を利用して発射される．これらの各ローラにはそれぞれモータが設置されて

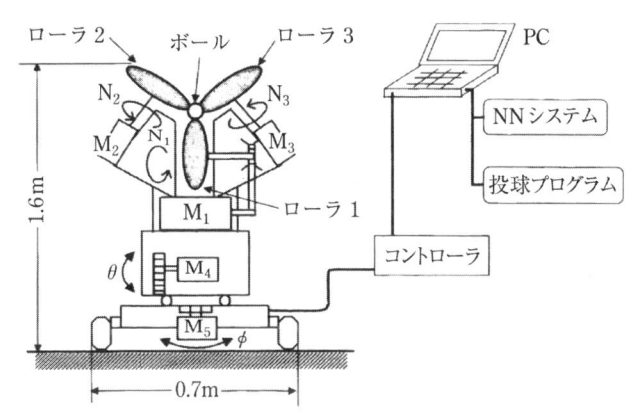

図 6.37 知的ピッチングマシンの概略図（N_1, N_2, N_3：ローラの回転数，θ：縦回転数，ϕ：横回転数）

おり，0〜2 300 rpm の範囲の回転数 N_1, N_2, N_3 で，独立に制御できる．また，本機の向きを上下 θ および左右 ϕ にそれぞれ ±6°，±5° の範囲で可変できるように 2 個のモータが設置されている．したがって，目的とする速度 V，球種 (ストレート，カーブなどで，これは**図 6.39**(a)に示す 3 ローラより受けるボールの回転モーメントベクトル $\dot{B}$ の図(b)座標への写像位置：B_x，B_y で決められる)とコース(ストライクゾーンなどのボールの位置で，的の座標：X, Y で決められる)のボールを投げるには，図 6.37 の 5 個の

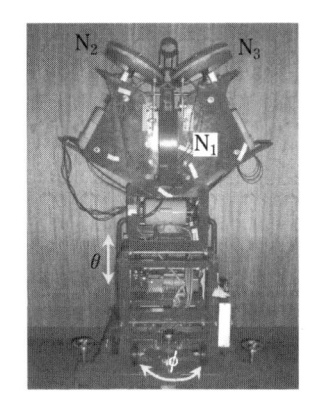

図6.38 ピッチングマシンの写真

モータに関連する変数 $N_1, N_2, N_3, \theta, \phi$ を適切に制御しなければならない．

そこで，**図6.40**に示すような X, Y, V, B_x, B_y を入力情報，$N_1, N_2, N_3, \theta(=N_4)$，$\phi(=N_5)$ を出力情報とする 3 層の NN を構築した．この NN に教師データ T_i (学習前の試作試験機で，変化する N_i の 115 条件での投球を試みた．その的の位置を**図6.41**に示すが，これらを教師データとした)を与え，出力 N_i との 2 乗誤差 $[(T_i - N_i)^2/2]$ をバックプロパゲーション法(誤差逆伝ぱ法)によって減少させた．**図6.42** に，この学習状況を示す．これより，教師データ数にかかわらず学

166   6. 生物に学ぶ設計法

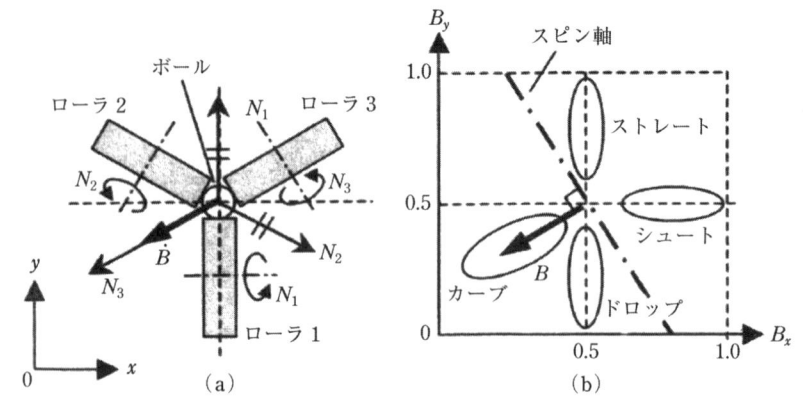

図6.39 球種選定のパラメータ

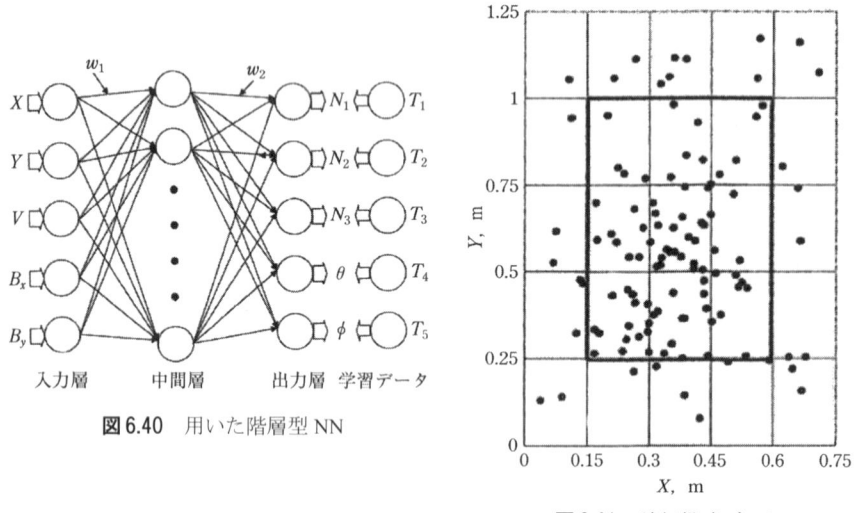

図6.40 用いた階層型 NN

図6.41 試行投球データ

習回数とともに誤差の減少していることがわかる．

　上述の学習を終えた NN を用いて投球試験を行った．試験は，あらかじめ希望したコース，五つの速度(70, 90, 110, 130, 150 km/h)および四つの球種(ストレート，ドロップ，カーブ，シュート)を決めておき，それらに対する NN 出力の N_i を用いて投球した．**図6.43**に，その結果を示す．図中の＊が希望したコース(ボールの位置が的の真中)である．また図(a)では投球試験結果を各球種ごとに，

ストレートは〇，ドロップは□，カーブは△，シュートは◇で示している．

一方，図(b)は同様の結果を速度をパラメータとして示している．これらの結果より，球種や速度では明確な相関関係は見られず，全体としてばらつきはあるものの，ほと

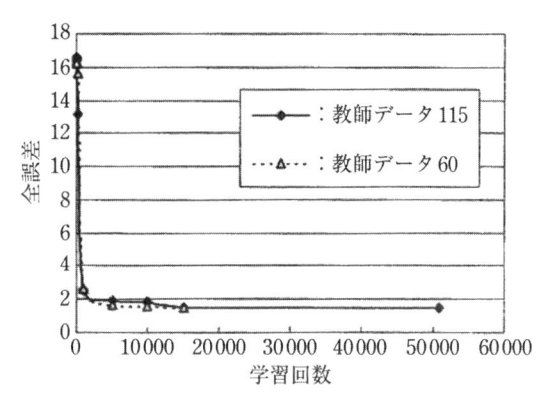

図6.42 NNの学習状況

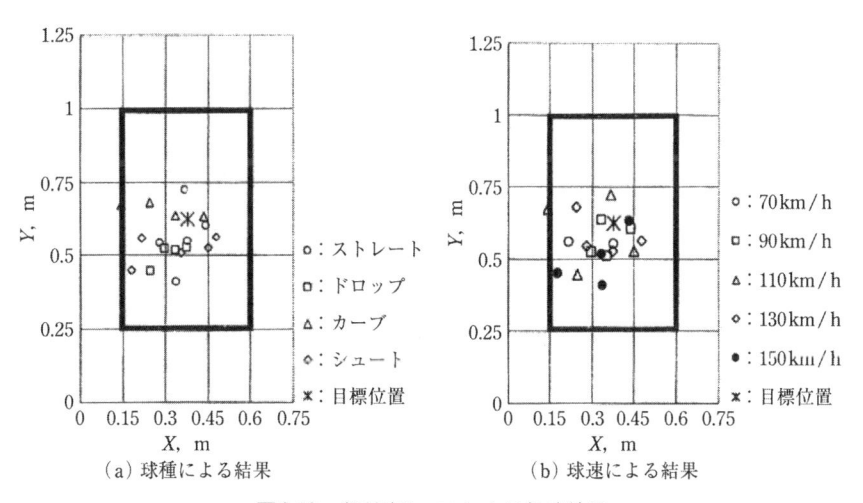

図6.43 学習済みNNによる投球結果

んどすべてのデータが太線内のストライクゾーンに収まっており，良好なものといえる．これらの具体的な精度については，球種は高速度ビデオによる撮影画像から，すべて計画したものであることを確認しており，球速については2.6〜3.4％の誤差で，最も大きなコース(位置)誤差でも最大ボール2個分であった．これらのことからNN制御による本試作機の実用性が評価できる．

参考文献

1) たとえば河田雅生：進化論の見方, 紀伊國屋書店 (1989).
2) 新井康允：脳とニューロンの科学, 裳華房 (2000).
3) 坂和正敏・田中雅博：遺伝的アルゴリズム, 朝倉書店 (1995).
4) 伊庭斉志：進化論的計算の方法, 東京大学出版会 (1999).
5) 伊庭斉志：知の科学－進化論的計算手法, オーム社 (2005).
6) 星野 力：進化論は計算しないとわからない, 共立出版 (1998).
7) 日本工業技術振興協会ニューロコンピュータ研究部会編：ニューロコンピューティングの基礎理論, 海文堂 (1990).
8) A. Bundy, R. M. Burstall, S. Weir and R. M. Young : Artificial Intelligence - An Introductory Course, (長尾真監訳)：人工知能入門, 近代科学社 (1981).
9) 片方善治：知能システム工学, 海文堂 (1993).
10) 日本機械学会講習会資料 No.09-122：ICタグ活用入門－生産効率向上から廃棄物処理まで－, 日本機械学会 (2009-11).
11) 土居洋文：生物のかたちづくり, サイエンス社 (1988).
12) A. Wuensche and M. Lesser : The Global Dynamics of Cellular Automata, Addison - Wesley Publishing Company (1992).
13) G. Rozenberg and A. Salomaa : The Mathematical Theory of L Systems, Academic Press (1980).
14) D. E. Goldberg : Genetic Algorithms - in search, optimization & machine learning, Addison - Wesley Publishing Co. (1989).
15) 日本機械学会編：構造・材料の最適設計, 技報堂出版 (1989).
16) 坂本二郎・尾田十八：「遺伝的アルゴリズムを利用した最適トラス形態決定法」, 日本機械学会論文集 (A編), **59**, 562 (1993) pp.1568-1573.
17) 日本生物物理学会編：生物科学の基礎2 (自己組織化), 学会出版センター (1987).
18) A. Wuensche and M. Lesser : The Global Dynamics of Cellular Automata, Addison - Wesley Publishing Company (1992).
19) 加藤恭義・光成友孝・築山 洋：セルオートマトン法, 森北出版 (1998).
20) 尾田十八・坂本二郎・田中志信：生物工学とバイオニックデザイン, 培風館 (2002).
21) 尾田十八・田中千尋：「進化的セルラ・オートマトンによる複合材料組成の最適化」, 日本機械学会論文集 (A編), **75**, 758 (2009) pp.95-100.
22) 森下 信：セルオートマトン―複雑系の具象化―, 養賢堂 (2003).
23) 尾田十八, S. Kundu, 斉藤 誠：「進化的Lシステムによる最適形態創生法に関する研究」, 日本機械学会論文集 (A編), **67**, 653 (2001) pp.121-126.
24) 尾田十八・多加充彦・冨阪正裕：「機能的連続体によるマイクロデバイスの設計法」, 日本機械学会論文集 (A編), **67**, 663 (2001) pp.1724-1729.
25) 尾田十八・水上孝之：「ニューラルネットワークによるトラス構造物の最適設計」, 日本機械学会論文集 (A編), **59**, 557 (1993) pp.273-278.
26) 尾田十八・酒井 忍・米村 茂・河田憲吾・堀川三郎・山本 博：「ニューラルネットワークを用いた変化球制御型ピッチングマシンの開発」, 日本機械学会論文集 (C編), **71**, 702 (2005) pp.201-206.

索　引

ア 行

アーチ形 ……………………………………… 88
アーチ形状 …………………………………… 41
アオゲラ ……………………………………… 63
アクチン-ミオシン系 ……………………… 129
顎 ……………………………………………… 64
圧子 ………………………………………… 44,45
圧縮あて材 …………………………………… 95
圧電アクチュエータ ……………………… 162
あて材 ……………………………………… 95,97
あて部 …………………………………… 93,96,97
アデノシン …………………………………… 13
アデノシン二リン酸(ADP) ………………… 13
アデノシン三リン酸(ATP) ……………… 2,6,13
アポトーシス …………………………… 129,131,158
アミノ酸 …………………………………… 126
アメーバー運動 …………………………… 111
アルカン類 …………………………………… 57
合わせガラス …………………………… 24,37,42
安全性 …………………………………… 19,20
安全設計 ……………………………………… 72
アンティオーキシン ……………………… 97,99
鴨脚樹 ………………………………………… 75
異厚ガラス …………………………………… 24
維管束 ………………………………………… 29
維管束鞘 ……… 29,31,35,36,103,115,116,117,122
維管束鞘分布 ……………………………… 115
生きた化石 ………………………………… 72,73,89
イグ・ノーベル賞 ………………………… 110
位相決定問題 …………………………… 144,146
位相設計 …………………………………… 159
位相設計法 ………………………………… 147
板ガラス ……………………………………… 37

イチョウ …………………… 73,74,75,76,77,83,89,90
イチョウの種(実) …………………………… 75
遺伝 ……………………………………… 11,130
遺伝形質発現 ……………………………… 129
遺伝子 ……………… 10,11,128,130,131,141,160
遺伝情報 ……………………………………… 23
遺伝情報伝達 ……………………………… 129
遺伝・進化 …………………………… 6,7,22,24
遺伝的アルゴリズム ………… 11,23,24,137,140,163
遺伝的プログラミング …………………… 137
遺伝物質 ……………………………………… 10
芋状肥大物 …………………………………… 85
インパルス …………………………………… 93
内卵殻膜 ……………………………………… 40
団扇 ……………………………………… 31,32
運動機能 …………………………………… 104
エネルギー要求性 ………………………… 12,14
円管構造 …………………………………… 29,36
円管ばり ……………………………… 29,34,115
塩基配列 …………………………………… 132
円柱ばり ……………………………………… 29
オーキシン ………………………………… 97,99
雄から生じた配偶子(精子) ………………… 10
尾羽 …………………………………… 61,70,89
重み係数 …………………………………… 108
オリゴデンドロサイト …………………… 131

カ 行

カーボン繊維 ………………………………… 26
外圧破壊強さ ………………………………… 83
塊茎 …………………………………………… 13
外種皮 ……………………………………… 76,80
階層型(フィードホワード型)NN ……… 163,164
階層構造 …………………………………… 8,9

階層性	5
外・内層状組合せ方式	88
外種皮	77, 80
外胚葉	10
外部負荷	37
海綿骨部	71, 89
カオス的(予測困難な非周期的変動)	151
化学エネルギー	2, 126
化学的制御	93
核	125, 127, 138
獲得知能	107
隔壁部	33, 35
形や性質(形質)	10
片持ちばり	29
活動エネルギー	6
活動規範	14
割裂性	31, 32
可撓性	28
果肉	76, 80
可燃性混合気相	56, 58
殻	84, 122
ガラス	47
ガラス繊維	26
カリウム	77
仮導管	57
カロチン	77
含水率	54
関節機構	105
関節部	60
関節部傷害防止	61
完全リサイクル	2, 12, 14
完全リサイクルシステム	6
貫通時の最大荷重	43
貫通抵抗	43
貫通破壊	37
貫通破壊エネルギー	43, 45
貫通破壊抵抗	43
器官	5, 7, 10, 15
危機管理	72
技術のシーズ	17
基地組織	116, 117
キツツキ	61, 63, 64, 68, 70, 88, 89, 90, 91, 121
キツツキ科	61
キツツキ戦法	63
キツツキ目	61
機能性	20
機能的連続体	162
吸湿性	49
許容応力	101, 103
強化ガラス	37
強化繊維	30, 31, 79, 90, 103, 115, 116, 117, 122
強化繊維材	27
強化繊維分布	33
強化プラスチック	26
教師データ	165
教師データ数	165
共生	6, 75
強度的設計	101
強度の最適化	35
共利共生	14
局所ルール	150, 151, 153, 157
巨木のあて	100
桐	88, 91, 121
桐工芸品	50
桐材	48, 49, 50, 52, 53, 54, 56, 57, 59
桐箪笥	53, 55
桐の花	49, 53
き裂の伝ば阻止能力	34
ギンゴール酸	77
筋・骨格系	7
菌根菌類	75, 85
均質な状態	151
ギンナン	73, 75, 76, 77, 78, 81, 82, 83, 85, 90, 91
銀杏	88, 91, 121
金兵衛	79
近傍要素	149
菌類	112, 113
杭打ち機	61

鎖構造	9
クチクラ	39
クマゲラ	63
組合せ最適化問題	113, 142
組合せの多様化	151
クラックアレスタ	34, 35, 88
クロジ	63
クロマトグラフィ分析	57
系	7, 15
経済性	20
形質	10
傾斜機能材料	31
形態機能	104
形態形成	10, 129, 131, 149, 158
形態形成過程	9
形態形成方法	8
形態発生システム	158
鶏卵	37, 39, 41, 42, 47
軽量化	24
血液循環系	7
結合エネルギー	13
結合係数	108, 109
ケラチン	40
ケラ類	61
腱	106
原核細胞	125
肩甲骨	104
減数分裂	129, 130
原生生物	10
工学的解析	19
工学的設計	16, 19, 22, 25, 26
工学的設計法	21, 22, 26
工学的ものづくり法	2
光合成	2, 6, 12, 35, 128
光合成システム	13
交差	6, 23, 92, 136, 141, 143, 157
剛性マトリックス	146
酵素	12, 13, 43
紅藻	159

構造設計	144
構造・組織	7
構造の階層性	8
構想・発案	18
構造力学	19
行動システム	100
交配	11
硬膜	65, 70
広葉樹	94, 95
コーディング	145
コート掛け問題	143, 146
小型化・スリム化	21
誤差逆伝ぱ法	109, 165
古生代	73
骨格筋	106
骨芽細胞	99
骨基質タンパク	99
骨細胞	99
骨梁パターン	119
コルク質	74, 85, 90
根本原理	131

サ 行

最急降下法	113
細菌	10, 126
再構築	98, 99
再循環・再生利用	21
最小剛性設計問題	154, 157
最小材料最大強度説	15, 31, 119, 121
最小重量	120
最小重量の最適化則	118
最小重量の設計問題	145
再生産	141, 143
最大剛性設計問題	154, 155, 157
最大の剛性	29, 32
最適化	152
最適化則	15
最適化の解法	164
最適化の方法	140

最適化法	141
最適化問題	23, 117, 141
最適解	147, 149, 157
最適性	6, 152
細胞	1, 5, 6, 7, 8, 9, 13, 15, 123, 124, 129, 131, 137
細胞運動	129
細胞機能	123
細胞死	131, 132
細胞質	124
細胞小器官	127
細胞増殖	129
細胞同士の接着	10
細胞の書き換え規則	158, 159, 160
細胞の働き	135
細胞の分離・増殖・死滅	1
細胞の分裂・増殖	129, 131, 158
細胞分化	129
細胞分裂	10
細胞膜	5, 9, 124, 126
再利用	21
材料設計技術	151
材料力学	19
作業機能	104
削岩機	61
酢酸	57
柵状層	39
座屈	34
座屈破壊	42, 82
鎖骨	104
シーズ先行型	25
しきい関数	108
しきい値	108
色素体	127
シグモイド関数	108
自己形成	9, 151
自己修復化機構	94
自己組織	9
指骨	104
脂質	77
持続可能な開発	14
子孫	9, 130
下顎	63, 67, 70, 89
自動車のフロントガラス	24, 37, 42, 48
竹刀	28
撓竹	28
シナプス荷重	108
シナプス結合	107
シミュレーション	157
社会性・活動規範	7, 22
社会的ニーズ	16
社会的役割機能	104
尺骨	104
ジャンパー膝	60
自由エネルギー	13
周期構造	151
収縮運動	112
修正目的関数	145, 149
柔組織	50
手根骨	104
受精卵	10, 129
樹体	74, 85
出力情報	165
樹皮	74, 85, 90
受粉	14
巡回セールスマン問題	113
循環システム	6
省エネルギー	19
衝撃応力波	89
衝撃貫通破壊	44
衝撃吸収エネルギー	48
衝撃子	44, 48
焼結材料	154
省資源	19
省資源・省エネルギー	92, 118
省資源・省エネルギーシステム	113, 121, 135
省資源・省エネルギー的方法	113
上肢骨	104
上肢帯	104

冗長設計法	36	精子	10, 130
衝突力	48	生殖	10, 130
小胞体	127, 128	生殖細胞	130
情報伝達	93	生殖・発生	5, 7, 9, 10, 22, 24
情報伝達機能	92	脆性材料	41, 48, 122
情報伝達系	129	製造物責任法 (PL法)	20
情報のかき混ぜ	4	生体硬組織	120
情報の集積化・小型化・知能化	23	成長因子	129
上腕骨	104	成長ホルモン	97, 99
ショ糖	12	生物	1
進化	11, 157	生物 (個体)	7, 10
進化戦略	137	生物進化のメカニズム	11
進化的セルラ・オートマトン	152	生物に学ぶものづくり法	3, 14, 18, 25
進化のシステム	135, 137, 140, 141	生物の多様性	6
進化プログラミング	137	生理機能変化	129
真核細胞	125, 132	脊髄	67
真稈部	29, 31, 32, 33, 34, 88	積層シェル構造	80
神経回路網	108	咳止め	77
神経系	7, 92, 100, 111, 131	世代交代	77, 136
神経細胞	7, 131	世代交代による進化	139, 163
人口	141	世代内進化	140, 163
人工骨	60	節間盤	33
人工知能	137	設計課題	17
人工物設計	26	設計原理	2, 14, 113, 114, 135, 136
新生代氷河期	73	設計目的	14, 17
靱帯	106	設計問題	19, 26
針葉樹	94, 95	舌骨	64, 68, 69, 89, 90
信頼性指標	148	接着はく離	47
信頼性設計	90	セラミック	47
信頼設計	72	セルラ・オートマトン	139, 149, 163
スーパー長寿命性	72, 75, 83, 85, 89	セルロース	56, 79, 84, 89, 96, 97, 122
頭蓋骨	64, 65, 67, 70, 89	セルロースミクロフィブリル	96
杉材	50, 52, 54, 57	遷移関数	150
スズメ目	63	繊維強化複合材料	116, 154
すだれ	31	維管束鞘分布	115
スティフナ	34, 35, 88	潜在き裂	84, 90
スポーツ障害	60	染色体	6, 10, 11, 23, 130, 131, 132, 145, 153, 160
寸法決定問題	144	染色体の集団	141
制御	163	センシングシステム	99

選択可能解	147, 148
セントラルドグマ	131, 138
前破骨細胞	99
走化性	112
相互結合型 NN	163
走査電子顕微鏡観察	80
創造性への欲望	17
組織	5, 15
疎水性芳香族高分子化合物	57, 79
啐啄同時	38
啐啄の機	38
ソテツ類	73
外卵殻膜	40

タ 行

大域的最適解（最高峰）	142
耐火性	49, 52, 53, 59
耐貫通性	24, 43
体細胞	130
体細胞分裂	129, 130
代謝	4, 6
耐衝撃システム	70, 71, 89
耐衝撃性	65
大腿骨	119
大腸菌	112, 113
大氷河期	72
太陽エネルギー	6
太陽光	12
耐用年数	47
多機能性	151
多機能・多目的	39
竹	26, 88, 91, 101, 121
竹から学ぶ設計論	35
竹材	27
竹材の物理的・化学的特性	28
竹の可撓性	28
竹の真程部	90, 115
多孔質体	74
多細胞生物	5, 7
多層円管構造	115
多層構造	89
多層ばりの理論	116
多層膜構造	9
縦型鉢巻	70
多峰性の強い問題	142
卵	88, 121
卵の外殻構造	37
卵の殻	37
多目的・多機能	92, 113, 121, 123, 135
多目的・多機能性	103, 163
単核性食細胞 (後破骨細胞 POC)	99
炭化層	55
単細胞生物	7, 8, 126
炭酸カルシウム	88
炭酸カルシウムの結晶	39
タンパク質	12, 77, 126, 128, 129
断面係数	102
知覚機能	104
逐次線形計画法 (SLP 法)	118
茶筅	31, 32
中央処理機構	112
中間層ニューロン	109
中手骨	104
中種皮 (殻)	72, 77, 80, 84, 89, 122
柱状カルシウム結晶	46
中世代	73
中胚葉	10
超延性	88
超延性材料	47, 122
超軽量	47
超最適化	135
超脆性	88
超多目的・多機能	106, 107
超薄肉	47
黄楊材	48, 51
デオキシリボ核酸 (DNA)	5, 10, 126
適応的形質	11
適応度関数	145

適応度評価	145
適応能力・適応機能	121, 135
鉄筋コンクリート	96
鉄分	77
手の機能	104
テロメア	132
転写	131
伝達システム	99
伝統工芸技術	60
デンプン	13
転流	12
糖 (グルコース)	2, 4, 6, 126
等厚合わせガラス	48
導管	50, 58, 88
導管部	29, 35
藤九郎	79
凍結防止	84
橈骨	104
同時探索	141
同時探索法	142
糖タンパク質	39, 40, 88
動的貫通破壊エネルギー	44
動ひずみ測定実験	65
頭部補強法	65
土壌環境	75
突然変異	6, 11, 23, 92, 136, 141, 143, 157
トラス構造	120, 143, 144, 147
トラス構造物	159
ドラミング	61, 62, 68, 70, 89, 121
ドングリキツツキ	62

十 行

内圧破壊強さ	83
内臓障害	77
内胚葉	10
内部負荷	37
内分泌系	92, 100
ナノレベルの精密工場	128
縄張り行動	14

難燃性	52, 53, 56, 57, 59, 89
ニーズ先行型	25
二酸化炭素 (炭酸ガス)	12, 13
乳頭層	39, 46
ニューラルネットワーク	108, 137, 163
ニューラルネットワークシステム	107
入力情報	165
ニューロン (脳細胞)	107, 108, 163
認知症	77
ヌクレオチド	5, 9
ヌクレオチド配列	131
熱伝導率	53, 54
熱分解生成物	56
粘菌	110, 112, 113
燃焼機構	56
燃焼プロセス	2, 6
ノイマン近傍	150
脳	7, 65, 106, 107
脳細胞	107, 136, 137
脳脊髄液	65, 70

ハ 行

胚	10
バイオニックデザイン	22, 25
配偶子	10
胚乳	13, 77, 78, 81, 89, 91, 122
バクテリア	126
破骨細胞	99
羽軸	61, 70, 89
パターン認識	163
破竹の勢い	31
発芽	78, 80
発芽・成長	13
バックプロパゲーション法	165
発現遺伝子	10
ハニカム構造	50
半透性	126
東日本大震災	72
光エネルギー	12, 13, 126

光屈性	93	分泌性シグナル	138
光造形法	65	分裂	132
久寿	79	分裂・増殖・死滅	9
ピサの斜塔	95	平板比較法	53
微小管系	129	ヘキサン (C_6H_{14})	57
非線形関数	108	ペナルティ係数	146
非線形計画法	117	ヘプタン酸	77
非線形素子	108, 163	ヘミセルロース	56
ビタミン B_1, B_2	77	変形菌	111
引張りあて材	95	変数のコーディング	142
ヒト繊維芽細胞	132	変態	131
平等強さ	34	ペンタン (C_5H_{12})	57
平等強さの形状	29	鞭毛モータ	112
表面細胞	99	方形骨	63
火除け	74	放射組織	50
日和見主義	4, 6	防虫	77
ビロボール	77	ホオジロ科	63
フィードバック機構	164	補間関数	164
フェールセーフ機構	36	捕食行動	63
複合材料	151, 153	骨	106
複合材料モデル	154	骨再構築	98
複合則	116	骨の再構築システム	100
複雑なパターン	151	骨の変形法則	98
節部	32, 34, 35, 88	ホルモン	93, 129
ブタンアミン	57		
物質代謝	12	**マ 行**	
不等厚わせガラス	48	マイクログリッパ	162
ブドウ糖 (グリコース)	12, 13	マイクロマシン	9
不燃性	59, 89, 122	曲げ座屈	34, 35, 88, 102
フラジェリン系	129	曲げ試験	28, 36
フラン (C_4H_4O)	57	マトリックス	79
フラン系成分	57	マトリックス材	27
篩管	12, 88	密度	54
師管部	35	ミトコンドリア	127, 128
プログラム細胞死	131	ムーア近傍	150
ブロックセル	153	無性生殖	10, 11
分化	10	群れ	14
分子生物学	6, 136	雌から生じた配偶子 (卵)	10
分泌性因子	129	メタン系炭化水素	57

孟宗竹	28, 29
木繊維	50
目的関数	141, 145, 164
ものづくり	2
ものづくり法	11, 16

ヤ 行

野球肘	60
野球用ピッチングマシン	164
夜尿症	77
有機体の基質繊維	39
有機物	12
有限要素法	19
有性生殖	10, 11
葉緑体	126, 128
予測	163
予知	163

ラ 行

ラーメン構造	143
卵黄	39
卵殻	38, 39, 42, 44, 45, 46, 47, 88, 91, 122
卵殻構造	41, 48
卵殻の内外強度の異方性	37
卵殻膜	39, 40, 42, 43, 46, 47, 48, 88, 122
卵子	130
卵白	39
リグニン	56, 57, 79, 84, 89, 96, 97, 122
リグニン成分	89
リズム体	112
リボソーム	127, 128
流動モザイクモデル	127
リン酸	13
リン脂質	5, 126
リン脂質2重層	126
リン脂質分子	126
連続体	144, 159
連続トラス要素	120

ワ 行

| 割 | 32 |

英数字

ADP	13
AI：Artifical Intelligence	137
ATP	13
CA：Cellular Automata	139, 149
CCDカメラ	81
CT撮影	63, 66
DNA	6, 9, 11, 15, 23, 92, 126, 130, 132, 136, 141, 149
DNA鎖	137
DNA情報	138
DNA情報処理	24
ECA：Evolutionary Cellular Automata	152
EP：Evolutionary Programming	137
ES：Evolution Strategy	137
FEM解析	154
FEMモデル	66, 67
FRP構造	115
FRP材	26, 30, 79, 96
FRP部材	34
GA：Genetic Algorithm	137, 140
GP：Genetic Programming	137
ICチップ	138
Jayme Wise法	79
Lシステム (LS：Lindenmayer Systems)	139, 158, 163
NN：Neural Network	137
NN system	107
PL法（Product Liability Law）	20
reaction wood	94
RNA	131, 138
SEM観察	80
SLP法	118
2重鎖	6
2重鎖構造	5

おわりに

「生物に学ぶものづくり」の視点としては，まず多種・多様な生物に対して，それらに共通する設計原理的なものを抽出し，そこから工学へ利用できるものを発見する立場がある．もう一つは生物の多様性に注目すること，すなわち個々の生物がその与えられた特異な環境下で，如何に巧みに生き，子孫を繁栄させているかについて，個々の生物の能力・行動，機構・システム，材料・組織などを解明し，そこから工学へ応用できるものを発見する立場である．

本書では，まず後者の立場から著者がこれまで興味をもって分析してきた，竹，卵，桐，啄木鳥，銀杏の五つの生物事例の主として力学的視点からの興味深い話題を提示したつもりである．これらの結果から，複合材料のような材料設計上の具体的知見や，繰返し衝撃負荷を受ける機器の構造設計上の具体的知見などが明らかとなった．しかしもっと重要なことは，これら数少ない五つの生物事例を通してさえ，上述の第一の視点としての多様な生物に共通して見られる「ものづくりの特徴」が抽出できたことである．それを改めて示すと，次のとおりである．

① 変化する自然環境への適応能力・適応機能
② 多目的・多機能な構造・組織
③ 省資源・省エネルギーシステム
④ 構造・組織などの形態・質・量の変化
⑤ 材料・構造などの組合せの多様化
⑥ 機能終了時への対策

本書では，さらにこれらの特徴が現れてくる機構，すなわち「生物におけるものづくりの基本的なメカニズム」にも注目した．その結論として，次の二つが最も重要であることを述べた．

（1）生物における進化のシステムの存在
（2）ものづくりにおける細胞の働きの重要性

（1）の進化のシステムこそ，時間的にも空間的にも多様に変化する自然環境下で膨大な生物が生存する現状を可能にしたものである．その進化の原理は，

おわりに

DNA の交差，突然変異などによる世代交代の進化システムと，脳細胞などの学習進化による世代内の進化システム(環境適応システムと考えてもよい)が存在している．そして，これらを現実に可能としているのが (2) の細胞機能であり，細胞こそ生物創造の基本であり，かつすべてであるといえる．したがって，これを真に模倣する工学的技術の生まれることが「生物に学ぶ ものづくり」の本質と考えられる．現状ではその道ははるかに遠いが，細胞が行っている一部の機能のみを利用した最適化のアルゴリズムや形態形成システムが提示されているので，「生物に学ぶ ものづくり」の例としては，少々おこがましいが，その使い方の幾つかを紹介した．

以上述べたように「生物に学ぶ ものづくり」への道はまだまだ遠い．ただ，上述したように，生物自身，変化する環境に適応進化するシステムを有しているのだから，工学に携わる者はそのための努力を惜しむべきではない．このことと関連して本書が読者の方々に何かお役に立てば幸いである．最後に，次のような言葉を紹介しておこう．

> 生物の世界では，最も強いものが生き残るのではなく，最も賢いものが生き延びるのでもない．唯一生き残るのは，変化できるものである．
>
> Charles Darwin「種の起源」より

> For the world has changed , and we must changed with it. (世界は変わった．だから われわれも世界とともに変わらねばならない)
>
> Barack Obama「2009年1月21日 第44代アメリカ大統領就任演説」より

謝　辞

本書は，著者が主として金沢大学在勤中に行った生物関連の研究をもとに，日頃考えていた「生物」から学ぶ「設計」の方法論を纏めたものである．したがって，この書の中で記述した多くの事例は，当時の金沢大学の研究室(弾性工学，固体力学，バイオニックデザイン研究室など)の教職員の方々はもちろん，大学院生,学部生の多大なご協力，ご努力により得られたもので，ここにこれらの方々に厚くお礼を申し上げたい．

一方，本書執筆の構想は，著者の大学定年を挟んで受けた日本学術振興会の科学研究費補助金，基盤研究A(課題：生物の構造・組織の力学的最適性の評価とその構造・材料設計への応用)の実施期間(平成18～21年度)に芽生えた．この点，本研究費を与えていただいた日本学術振興会およびその関連機関に対し感謝の意を表したい．

　本書の具体的な執筆には，約3ヵ年を要することとなったが，その間，多くの原稿や図・表の作成，整理などには村口さよ女史，風間敦史氏の献身的ご協力をいただいた．また，(株)養賢堂の三浦信幸 取締役および編集部の木下光子女史には本書出版の計画段階より脱稿まで，種々の点で懇切丁寧なご支援をいただいた．ここに改めて厚くお礼を申し上げたい．

2012年3月
著　者

── 著者略歴 ──

尾田十八（おだ　じゅうはち）

1943年　金沢市で生まれる
1965年　金沢大学 工学部 卒業
1972年　工学博士（東京大学）
1978年　カリフォルニア大学 バークレイ校 客員研究員
1982年　金沢大学 教授
1999年　金沢大学 大学院自然科学研究科長，評議員
2005年　金沢大学 工学部長，評議員
現　在　金沢大学 名誉教授，日本機械学会 名誉員，日本設計工学会 名誉員

日本における最適設計法研究の重鎮，この分野の研究から，特に生物の最適性に興味を持ち，生体力学，生物情報工学などの研究を進め，「生物に学ぶ設計法」の研究をライフワークとしている．

　主要著書
材料力学 基礎編，応用編（森北出版）
構造・材料の最適設計（技報堂出版）
生物と機械（共立出版）
形と強さのひみつ（オーム社）
軽量化設計（養賢堂）
機械設計工学1（要素と設計），2（システムと設計）（培風館）
生物工学とバイオニックデザイン（培風館）

JCOPY ＜（社）出版者著作権管理機構　委託出版物＞

2012
生物に学ぶ
ものづくり

著者との申
し合せによ
り検印省略

ⓒ著作権所有

2012年 5 月 5 日　第 1 版発行

著作者　尾田十八（おだ じゅうはち）

発行者　株式会社　養　賢　堂
　　　　代表者　及川　清

定価（本体2600＋税）

印刷者　新日本印刷株式会社
　　　　責任者　渡部明浩

発行所　株式会社 養賢堂
〒113-0033 東京都文京区本郷5丁目30番15号
TEL 東京(03) 3814-0911　振替00120
FAX 東京(03) 3812-2615　7-25700
URL http://www.yokendo.co.jp/
ISBN978-4-8425-0501-5　C3053

PRINTED IN JAPAN　　製本所　新日本印刷株式会社
本書の無断複写は著作権法上での例外を除き禁じられています。
複写される場合は、そのつど事前に、（社）出版者著作権管理機構
（電話 03-3513-6969、FAX 03-3513-6979、e-mail:info@jcopy.or.jp）
の許諾を得てください。